# SIEMENS-HANDBÜCHER

Herausgegeben von der Siemens & Halske A.-G.
und der Siemens-Schuckertwerke A.-G.

XII. Band:
Elektrizität in der Landwirtschaft

WALTER DE GRUYTER & CO.
BERLIN UND LEIPZIG
1927

# ELEKTRIZITÄT
## IN DER
# LANDWIRTSCHAFT

BEARBEITET
VON
C. BUSCHKIEL †

MIT 185 ABBILDUNGEN

WALTER DE GRUYTER & CO.
BERLIN UND LEIPZIG
1927

# Vorwort.

Die Aufgabe, die sich der Verfasser dieses Buches gestellt hat, war die, dem Landwirt in knapper, übersichtlicher und leicht verständlicher Form d a s an die Hand zu geben, was er bei Einführung des elektrischen Betriebes und für die Instandhaltung seiner elektrischen Anlagen braucht.

C. Buschkiel war ganz besonders dazu berufen, diese Aufgaben zu lösen, da er dank seiner zahlreichen Vortragsreisen durch alle landwirtschaftlichen Bezirke Deutschlands in engster Fühlung mit den Bedürfnissen der Landwirtschaft stand. Leider war es ihm nicht mehr vergönnt, sich an der drucktechnischen Fertigstellung des Buches zu erfreuen, da der Tod seinem arbeitsreichen Leben kurz vorher ein Ziel setzte.

# Inhaltsübersicht.

# Alphabetisches Stichwortverzeichnis.

# Einleitung.

Die in immer stärkerem Maße zunehmende Verwendung elektrischen Stroms in der Landwirtschaft, insbesondere zum Zwecke der Kraftübertragung und -verteilung, ist auf verschiedene Ursachen zurückzuführen.

Die fortschreitende Entwicklung der Industrie hatte eine starke Abwanderung der ländlichen Arbeiter nach den Städten und Industriegegenden zur Folge. Die zunehmende Gesamtbevölkerung erheischte Vermehrung der menschlichen Nahrungsmittel, insbesondere der landwirtschaftlichen Erzeugnisse. Zu dieser Verminderung menschlicher Arbeitskräfte und zur Erhöhung des Nahrungsmittelbedarfes trat als Drittes der Einfluß des landwirtschaftlichen Welthandels in der Richtung sinkender Preise für Körnerfrüchte und Schlachtvieh. Schließlich hat man durch den letzten Krieg und die darauf folgenden Jahre erkannt, wie wichtig es ist, wenn man sich von der Zufuhr ausländischer Erzeugnisse und von der Verwendung ausländischer Arbeitskräfte unabhängig machen kann.

Die deutsche Landwirtschaft wurde, wenn sie nicht ins Hintertreffen kommen wollte, gezwungen, diesen Erkenntnissen durch geeignete Umstellung Rechnung zu tragen. Das geschah und geschieht heute noch hauptsächlich durch Anwendung künstlicher Düngemittel und Heranzüchtung ertragreicher Pflanzensorten und Tierrassen sowie durch Entwicklung der Leute sparenden Arbeitsmaschinen und der Kraftmaschinen zu deren Antrieb, an Stelle der bis dahin fast ausschließlich verwendeten Hand- und Gespannarbeit. Schon vor dem Kriege machte der Dreschflegel der Dreschmaschine Platz und zur Bearbeitung ausgedehnter Bodenflächen in Tiefkultur, besonders zum Zuckerrübenanbau, wurde schon in der zweiten Hälfte des vorigen Jahrhunderts der Dampfpflug entwickelt und verwendet.

Da jedoch damals zum unmittelbaren Antriebe derartiger Arbeitsmaschinen außer den menschlichen und tierischen Kräften nur Wärme-, Wasser- und Windkraftmaschinen zur Verfügung standen, beschränkte sich im allgemeinen die Anwendung derartiger Kraftbetriebe auf den

Großgrundbesitz. Erst als die Errichtung leistungsfähiger Kraftwerke die Erzeugung großer Kraftmengen an den dafür geeignetsten Stellen wirtschaftlich günstig gestaltete und die Leitungsnetze der Überlandzentralen die Verteilung dieser Kraft in Form elektrischen Stromes über große Entfernungen derart ermöglichte, daß nicht nur geschlossene Gemeinden, sondern auch einzelne Gehöfte angeschlossen werden konnten, erst dann wurde es möglich, auch dem Mittel- und Kleinbesitz allgemein die Vorzüge der Maschinenverwendung zugänglich zu machen und dadurch diesem volkswirtschaftlich bedeutendsten Teile der deutschen Landwirtschaft wesentlich günstigere als die bisherigen Arbeitsbedingungen zu verschaffen.

Die Hilfsmittel, die der Landwirtschaft zum Erreichen dieses Zieles von der Technik und besonders von der Elektrotechnik zur Verfügung gestellt werden können, sollen in den folgenden Abschnitten aufgezählt und beschrieben werden. Hierbei werden unter den Bodenbearbeitungsgeräten der Vollständigkeit halber außer den elektrischen Pflügen auch die von den Siemens-Schuckertwerken entwickelten Bodenfräsen Berücksichtigung finden, obgleich sie vorwiegend durch Benzinmotoren angetrieben werden. Die wichtigsten wirtschaftlichen Zusammenhänge und Überlegungen finden an den dafür geeigneten Stellen Berücksichtigung und außerdem Zusammenfassung in dem letzten Abschnitt, der dem Landwirte die Grundlagen für die Entscheidung der Frage vermitteln soll, ob und wie er bejahenden Falles am zweckmäßigsten seine Betriebs- und Wohnstätten elektrisch ausrüstet, um dadurch die Erträgnisse seines Betriebes zu erhöhen und die Annehmlichkeiten seines Hauswesens zu vermehren und zu verbessern.

---

# I. Elektrotechnische Grundbegriffe.

Die Aufgabe, dem landwirtschaftlichen Leser dieses Buches in leicht verständlicher Weise ein einigermaßen zutreffendes Bild vom elektrischen Strom, seiner Erzeugung, Verteilung und Verwendung zu geben, erscheint dem Elektrotechniker um so schwerer, je mehr er sich mit ihr beschäftigt. Wenn die angestrebte Verständlichkeit erzielt werden soll, ohne den Wortschatz, die Zeichen und Zeichnungen des Fachmannes anzuwenden, dann läßt es sich nicht umgehen, zunächst einige elektrotechnische Grundbegriffe klarzulegen.

Schon in der Schule wurden uns folgende Beziehungen zwischen Magnetismus und Elektrizität gelehrt: 1. Wenn man einen Stahlmagnet, der seinen Magnetismus nahezu dauernd behält, einem zunächst unmagnetischen Stück Weicheisen nähert, so entsteht in letzterem für die Dauer dieser Nachbarschaft ebenfalls Magnetismus. 2. Ein anderer Weg, um Magnetismus zu erzeugen ist der, daß man um ein Weicheisenstück elektrischen

Strom herumfließen läßt. 3. Umgekehrt entsteht in einem Metalldraht, der an den Polen eines Magneten vorbei geführt wird, elektrischer Strom. Diese gegenseitige Beeinflussung zweier räumlich voneinander getrennter Körper nennt man Induktion, deren Wesen ist uns heute in der Zeit des drahtlosen Fernschreibens und Fernsprechens sowie des Rundfunks viel leichter verständlich als früher. Sie bildet die Grundlage der von Werner Siemens erfundenen dynamo-elektrischen Maschine und damit auch der Erzeugung elektrischen Starkstromes mittels dieser kurz Generator genannten Maschine. Es soll hier nicht die Entwicklungsgeschichte der Dynamomaschine beschrieben, sondern nur kurz ihr Wesen dargelegt werden.

Ein mit Draht umwickelter zylindrischer Eisenkörper (Anker, Läufer oder Rotor) wird so zwischen den Polen eines Elektromagneten (Gehäuse, Ständer oder Stator) gelagert, daß bei der Drehung um seine Längsachse die Wicklungsdrähte abwechselnd an den negativen und positiven Magnetpolen vorübergeführt werden, wobei in dieser Wicklung elektrische Ströme entstehen. Voraussetzung für diese Art der Elektrizitätserzeugung ist das Vorhandensein eines wenn auch nur schwachen Magnetismus im Eisengestell des Elektromagneten, der als sogenannter remanenter Magnetismus in jedem Eisenstück zurückbleibt, das überhaupt einmal magnetisiert worden ist. Ein Teil des durch diesen remanenten Magnetismus in der Läuferwicklung erzeugten elektrischen Stromes wird durch die Drähte des Elektromagneten geschickt, um in dessen Eisenkern den Magnetismus bis zur vollen Sättigung zu verstärken und dadurch mittelbar den für Verbrauchszwecke benötigten elektrischen Strom zu erzeugen. Zur Überwindung der bei der Drehung auftretenden Widerstände muß mechanische Kraft aufgewendet werden, die man in Wärme-, Wasser- oder Windkraftmaschinen erzeugt und mittels Riemen und Riemenscheibe oder durch unmittelbare Kupplung mit der Achse des obenerwähnten zylindrischen Eisenkörpers dem Generator zuführt. Die zunächst entstehenden elektrischen Ströme haben wechselnde Richtung und heißen deshalb Wechselströme. Um sie in Ströme gleichbleibender Richtung, also in Gleichstrom, umzuwandeln, bedarf es des auf der Ankerwelle sitzenden sogenannten Kollektors. Auch dann, wenn man nur Wechselstrom erzeugen und verwenden will, braucht man zur Erregung des Magnetismus in den Polen des feststehenden Ständers Gleichstrom, und man muß deshalb jeden Wechselstrom-Generator mit einer Gleichstromquelle (Erregermaschine) verbinden.

Eine besondere Art des obenerwähnten Wechselstromes ist der Dreiphasen- oder Drehstrom. Dreiphasenstrom heißt er, weil er sich aus drei Wechselströmen zusammensetzt, die in der Phase, d. h. in der Aufeinanderfolge verschoben sind, und Drehstrom wird er genannt, weil er in einem Motor ein sich drehendes Magnetfeld (Drehfeld) erzeugt.

Die Leistungsgröße jedes elektrischen Stromes wird bestimmt durch die Spannung, die vergleichbar ist mit dem Drucke in einer Wasserleitung und deren Einheit mit „Volt“ (V) bezeichnet wird, und durch die Stromstärke mit der Einheit „Ampere“ (A), vergleichbar mit der Wassermenge, die während der Zeiteinheit einen Punkt der Wasserleitung durchströmt. Das Produkt dieser beiden Größen hat die Einheitsbezeichnung „Voltampere“ bzw. „Watt“ und ist das Maß der elektrischen Kraft. Die vom elektrischen Strom in einer gewissen Zeit geleistete Arbeit bemißt man nach Watt- bzw. Kilowattstunden. Zur Kennzeichnung des Wechsel- bzw. Drehstromes dient schließlich noch die Periodenzahl, die angibt, wie oft in der Zeiteinheit die Richtung des elektrischen Stromes wechselt.

Betrachtet man, um bei dem obenerwähnten Beispiel zu bleiben, den Lauf eines Wasserstromes durch ein Rohr, so findet man, daß bei gleichbleibendem Druck die Wirkleistung dieses Stromes bzw. seine Stärke um so größer ist, je weiter und kürzer dieses Rohr, mit anderen Worten: je geringer der Widerstand des Rohres ist. Man erkennt weiter, daß ein Durchströmen des Rohres nur solange anhält, als neues Wasser oben zufließt. Wollte man das ununterbrochene Durchströmen des Wassers durch das Rohr etwa auf die Weise bewirken, daß man das unten abgelaufene Wasser durch eine Pumpe wieder nach oben beförderte, dann würde man feststellen müssen, daß die dem bewegten Wasser innewohnende Kraft dazu nicht ausreicht, weil durch Reibung im ab- und aufsteigenden Wasserlauf und in der Pumpe Kraftverluste auftreten. In der Natur wird der Kraftausgleich dadurch hergestellt, daß das abgelaufene Wasser durch Verdunsten mittels der Sonnenwärme in die Atmosphäre geführt und in Gestalt von Niederschlägen der Erdoberfläche wieder zugeleitet wird, wo die Höhenunterschiede von neuem das Gefälle oder den Wasserdruck herbeiführen. Es findet also in der Natur ein ununterbrochener Kreislauf des Wassers statt, der allerdings in dem oben erwähnten Rohre durch Absperren des Zu- oder Abflusses unterbrochen werden kann. Berücksichtigt man schließlich, daß im Rahmen dieser Betrachtung das Wasser lediglich der Träger einer von Menge und Gefälle abhängigen Kraft ist, so lassen sich sehr leicht die Vergleichspunkte mit dem elektrischen Strom finden, den wir in der Elektrotechnik ebenfalls als Kraftträger, d. h. als eine der verschiedenen Kraftformen ausnützen.

Diese Betrachtungen führen uns letzten Endes zu der Erkenntnis, daß für unsere Erde die Sonne die Spenderin jeglicher Kraft ist und daß der Technik im allgemeinen und der Elektrotechnik im besonderen die Aufgabe zufällt, diese Sonnenkraft jeweils in die für eine bestimmte Leistung geeignetste Form (Wärme, Licht, mechanische Kraft usw.) umzuwandeln.

Der Kreislauf ist nicht nur für die Kraft erzeugende oder richtiger Kraft vermittelnde Wirkung des Wasserstromes im Naturhaushalt von grund-

legender Bedeutung, sondern auch für andere Kraftformen, also auch für die Elektrizität. Auch ihr muß ein geschlossener Leitungsweg zur Verfügung stehen, wenn sie wirksam sein soll. Damit ist jedoch nicht gesagt, daß dieser Stromkreislaufweg in allen Teilen eine ununterbrochene isolierte, metallische Leitung sein muß, sondern es kann teilweise auch die Erde, d. h. die Gesamtheit ihrer leitfähigen Teile, zum Ausgleich herangezogen werden, wenn sie nur an mindestens zwei auseinander liegenden Punkten mit den Enden der eigentlichen Leitung verbunden ist.
Die Beziehungen des Widerstandes zu der Stromstärke und der Spannung des elektrischen Stromes finden ihren Ausdruck in dem physikalischen Gesetze, das nach seinem Entdecker das Ohmsche Gesetz genannt und folgendermaßen ausgedrückt wird:

$$R = \frac{E}{J}$$

Es bedeutet $R$ den Widerstand, $E$ die Spannung und $J$ die Stromstärke. Die Maßeinheit des Widerstandes wird mit Ohm bezeichnet. Die Größe des Widerstandes einer bestimmten Leitungstrecke ist abhängig von ihrer Länge, ihrem Querschnitt und von der Leitfähigkeit des Stoffes, aus dem die Leitung hergestellt ist.
Die Grenzen zwischen dem bisher betrachteten elektrischen Starkstrom und dem im Abschnitt V zu behandelnden Schwachstrom liegen in der Größe von Stromstärke und Spannung: im übrigen unterliegen sie beide den gleichen physikalischen Gesetzen. Zur Erzeugung des Schwachstromes dienen im allgemeinen die galvanischen Elemente, deren Wesen hier als bekannt vorausgesetzt werden darf.
Man unterscheidet hoch- und niedergespannten Starkstrom. Die Grenze zwischen diesen beiden Arten liegt bei der Spannungsgröße, die im menschlichen Berührungsbereiche noch anwendbar ist, ohne daß unter gewissen Vorsichtsmaßregeln gesundheitliche oder andere Beschädigungen zu erwarten sind. Soweit nicht ausdrücklich anders bemerkt, ist in diesem Buche unter elektrischem Strom immer niedergespannter Starkstrom zu verstehen.

---

# II. Erzeugung elektrischen Starkstromes.

## A. Kraftwerke und Überlandzentralen.

Die allgemeine Verwendung des elektrischen Starkstroms in der Landwirtschaft ist, wie bereits in der Einleitung auf Seite 2 erwähnt wurde, erst durch die Errichtung großer Kraftwerke und ausgedehnter Leitungsnetze möglich geworden. Es würde den Rahmen dieses Buches überschreiten, wenn hier eine ausführliche technische Beschreibung solcher

Bild 1. Großkraftwerk Franken A.-G. bei Nürnberg. (Dampfkraftanlage.)

Werke Platz fände. Da jedoch vielfach seitens der Landwirte Kritik an der Preis- und Tarifpolitik der stromliefernden Werke geübt wird, ohne daß ihnen die technischen und wirtschaftlichen Grundlagen der letzteren genügend bekannt sind, soll hier in Kürze auf die wichtigsten Punkte hingewiesen werden, die dafür in Betracht kommen. Es ist in hohem Grade erwünscht, daß zwischen Stromverbrauchern und -erzeugern ein verständnisvolles Zusammengehen gefördert werde.

Die Kraftwerke der Überlandzentralen haben die Aufgabe, dort, wo die günstigsten Voraussetzungen dafür vorliegen, aus Kohle durch Verbrennen oder aus fließendem Wasser durch Ausnützen des Gefälles mechanische Kraft zu gewinnen und in elektrischen Strom umzuwandeln. Letzten Endes sind diese beiden Kraftquellen auf einen gemeinsamen Ursprung zurückzuführen: Sonnenwärme. Vor Jahrtausenden baute sie die Pflanzen auf, aus denen die Kohle entstand, und heute noch wie damals bewirkt sie den Umlauf des Wassers zwischen Wolken und Erdoberfläche. Flüssige Brennstoffe kommen, wenigstens in Deutschland, für den Betrieb großer Kraftwerke vorläufig nur ausnahmsweise in Betracht und sollen deshalb an dieser Stelle lediglich der Vollständigkeit halber erwähnt werden.

Um die in den Kohlen aufgespeicherte Sonnenkraft nutzbar zu machen, verbrennt man die ersteren und erzeugt durch die dabei entstehende Wärme Wasserdampf, dessen Spannung in den umlaufenden Dampfturbinen in mechanische Kraft und in den damit gekuppelten dynamo-elektrischen

Bild 2. Walchenseewerk mit Rohrbahn und Wasserschloß. (Wasserkraftanlage.)

Maschinen (Generatoren) in elektrischen Strom umgewandelt wird (Bild 1 und 3). Die im fließenden Wasser enthaltene Kraft, deren Größe von Wassermenge und Gefälle abhängig ist, wird in Wasserturbinen nutzbar gemacht und dann in derselben Weise in Elektrizität umgewandelt (Bild 2 und 4). Man errichtet diese Werke naturgemäß dort, wo die Gewinnung der Kraft mit dem geringsten Kostenaufwande durchführbar ist, die Dampfkraftwerke also möglichst nahe den Kohlenförderstellen, die Wasserkraftwerke dort, wo ausreichendes Gefälle entweder in der Natur vorhanden ist oder durch Staudämme und ähnliche Mittel geschaffen werden kann. Je mehr die Elektrotechnik lernte, fortschreitend immer höhere Elektrizitätspannungen wirtschaftlich anzuwenden, desto größer konnten die Kraftwerke und deren Maschineneinheiten gebaut und demgemäß die Errichtungs- und Betriebskosten, bezogen auf die Maßeinheit des elektrischen Stromes, verringert werden.

Den von dem Kraftwerk ausgehenden Leitungen (Bild 5) fällt die Aufgabe zu, den elektrischen Strom überall dahin zu verteilen und zu übertragen, wo ein Bedarf an Kraft in irgendeiner Form (Licht, Wärme, mechanische Kraft) vorliegt. Um niedrige Anlagekosten des Leitungsnetzes und geringe Stromverluste zu erzielen, wenn große Strommengen auf weite Entfernungen übertragen werden sollen, wird mit Wechsel- bzw. Drehstrom hoher Spannung und niedriger Stromstärke gearbeitet. Deshalb verändert man im Verwendungsgebiet, um den geschlossenen Wohn- und

**Bild 3. Drehstrom-Turbogenerator von 20000 kVA, 5130 V, 1500 Umdr/min im Großkraftwerk Franken A.-G. Nürnberg. (Dampfkraftanlage.)**

Betriebsräumen die Gefahren hochgespannten Stromes fernzuhalten, die Spannung durch Transformatoren (Bild 6), die ihre Aufgabe der Spannungswandlung ohne Hilfe bewegter Teile lösen können und dadurch dem Dreh- bzw. Wechselstrom zum Siege in der Überwindung großer Entfernungen verholfen haben (Bild 7).

Aus den soeben angeführten Gründen wird in der Landwirtschaft vorzugsweise Drehstrom verwendet. Dort, wo in solchen Versorgungsgebieten ausnahmsweise für bestimmte Zwecke Gleichstrom erforderlich ist, z. B. zum Laden von Akkumulatoren u. a. m., muß man den Drehstrom in Gleichstrom umwandeln. Das kann entweder durch bewegte Maschinen in der Weise geschehen, daß Drehstrommotoren Gleichstromgeneratoren antreiben, oder daß man ruhende Vorrichtungen benützt, unter denen besonders die Quecksilber-Gleichrichter (Bild 8) in den letzten Jahren hervorragende Bedeutung gewonnen haben.

Die Generatoren großer Kraftwerke sind in der Regel so gewickelt, daß sie Drehstrom von 3—6000 V erzeugen, während in den Fernleitungen je nach Länge und Strommenge mit Spannungen bis zu 200 000 V gearbeitet wird. Zwischen diese Hochspannung und die Gebrauchspannung von 100—500 V in den Ortsnetzen und Einzelanschlüssen fügt man in der Regel eine Mittelspannung von 3000—15 000 V ein.

Aus Gründen erhöhter Betriebsicherheit und besserer Wirtschaftlichkeit werden neuerdings zuweilen benachbarte Stromlieferungsunternehmen

Bild 4. Maschinenraum mit Wasserkraft-Turbinen und angekuppelten Drehstrom-Generatoren. (Bayerische Stickstoffwerke.)

durch Umspannwerke (Bild 9) so zusammengeschlossen, daß sie sich zur Zeit besonders starker Beanspruchung unterstützen und ergänzen und bei schwacher Stromabgabe gegenseitig entlasten können. Eine derartige Verkopplung von Wasser- mit Dampfkraftwerken bietet vorwiegend wirtschaftliche Vorteile.

Die Betriebsgröße solcher Anlagen wird im wesentlichen durch die Summe der voraussichtlichen normalen Höchstbelastungen aller angeschlossenen Verbrauchstellen bestimmt, ihre Wirtschaftlichkeit dagegen dadurch, in welchem zeitlichen Umfange die Gesamtanlage und ihre einzelnen Teile demgemäß am günstigsten belastet werden. Der ideale Betriebszustand von Kraftwerken und Fernleitungen würde erreicht sein, wenn sie zu jeder Tages- und Nachtzeit gleiche, ihrer Leistungsfähigkeit und Größe entsprechende günstigste Belastung hätten. Am wenigsten wird eine solche ideale Ausnutzung der Stromversorgungsanlagen dort erreicht, wo vorzugsweise die Landwirtschaft als Stromverbraucher auftritt. Die Ursachen dazu sind bekannt: die landwirtschaftlichen Arbeitsmaschinen und ihre Antriebsmotoren werden entweder regelmäßig das ganze Jahr hindurch, aber jeweils immer nur kurze Zeit (Häckselschneider, Milchschleudern, Pumpen u. a. m.) oder nur zu bestimmten Zeiten im Jahr, dann aber tage- und wochenlang mit ihrer vollen Leistung (Dreschkästen, Ernte- und Bodenbearbeitungsmaschinen u. a. m.) beansprucht.

Der auf jeden Anschluß entfallende Anteil der Gesamtanlage muß groß genug sein, um der kurzzeitigen starken Belastung zu genügen: er wird

Bild 5. Hochspannungs-Freileitung.

Bild 6. Drehstrom-Transformator.

aber im allgemeinen nur zum kleinsten Teil mit dieser Belastung ausgenutzt. Welchen Einfluß diese Tatsache auf die wirtschaftliche Seite der Sache, also auf Tarifart und Stromkosten ausübt, soll eine kurze Überlegung zeigen. Die Betriebskosten eines Werkes setzen sich im allgemeinen aus den festen und den beweglichen oder veränderlichen Unkosten zusammen. Zu den festen Unkosten gehören in erster Linie der Zinsendienst, d. h. Verzinsung und Abschreibung des Anlagekapitals, und ein großer Teil der Instandhaltungs-, Verwaltungs- und Personalunkosten. Unter die beweglichen Unkosten, deren Höhe von der Menge des erzeugten und verkauften Stromes abhängt, fallen hauptsächlich die Ausgaben für das Kraftmittel, z. B. für die Kohlen und das Schmieröl sowie ein geringer Anteil an den Instandhaltungs-, Personal- und anderen Ausgaben. Bei Werken der hier in Betracht kommenden Art und Größe, besonders bei Wasserkraftanlagen, überwiegt der Anteil der festen Unkosten gegenüber den beweglichen

Bild 7. Eiserner Mast und Transformatorhäuschen.

Bild 8. Groß-Gleichrichter-Anlage.

ganz erheblich; die Kohlenkosten der Dampfkraftwerke betragen nur einige Pfennige je Kilowattstunde. Je größer in dem Bruch $\frac{\text{feste jährliche Unkosten}}{\text{abgegebene Kilowattstd.}}$ der Nenner ist, desto kleiner ist der Erzeugerpreis der Maßeinheit elektrischer Arbeit, der Kilowattstunde. Aus diesem Grunde ist auch die oft gehörte Ansicht, daß der durch Wasserkraft erzeugte Strom nichts koste, weil ja auch das Wasser umsonst zu haben sei, als durchaus irrig zu bekämpfen. Und wenn diese Behauptung dahin eingeschränkt wird, daß aus dem soeben angegebenen Grunde die Wasserelektrizität wenigstens erheblich billiger als die durch Dampf erzeugte elektrische Kraft sein müsse, so ist dem entgegenzuhalten, daß dieser Preisunterschied deshalb nicht sehr bedeutend sein kann, weil im allgemeinen der Kapitalaufwand für eine Wasserkraftanlage erheblich höher als für eine gleich leistungsfähige Dampfanlage ist und weil infolgedessen der Wegfall der an sich nicht sehr hohen beweglichen Kohlenkosten im letzten Falle durch die höheren festen Unkosten des ersten Falles mehr oder weniger ausgeglichen wird.

Der sehr erhebliche Anteil der festen an den gesamten Stromerzeugungskosten macht es begreiflich, daß besonders jene Überlandwerke, die einen großen Teil ihrer Stromerzeugung an die Landwirtschaft verteilen, ihren Tarif so zu gestalten suchen, daß die Grundlage für die Stromberechnung eine der Größe des Anschlusses entsprechende feste Grund-

Bild 9. Umspannwerk Stein bei Nürnberg.

gebühr ist, während außerdem für den wirklich abgegebenen und gemessenen Strom ein bestimmter Satz je Kilowattstunde berechnet wird, so daß dieser Teil des Rechnungsbetrages in seiner Höhe von der Benützungsdauer abhängig ist. Andere Tarifarten arbeiten z. B. mit einem Staffeltarif in der Weise, daß der Stromeinheitspreis um so kleiner wird, je größer die Stromentnahme innerhalb eines bestimmten Zeitraumes ist. Diese und ähnliche Tarifarten bedeuten nicht nur einen Anreiz zur Erhöhung des Strombezuges, sondern sie sind für eine gesunde Wirtschaftspolitik unbedingt nötig, wenn deren Ziel die möglichste Herabsetzung des durchschnittlichen Strompreises für den Verbraucher ist.

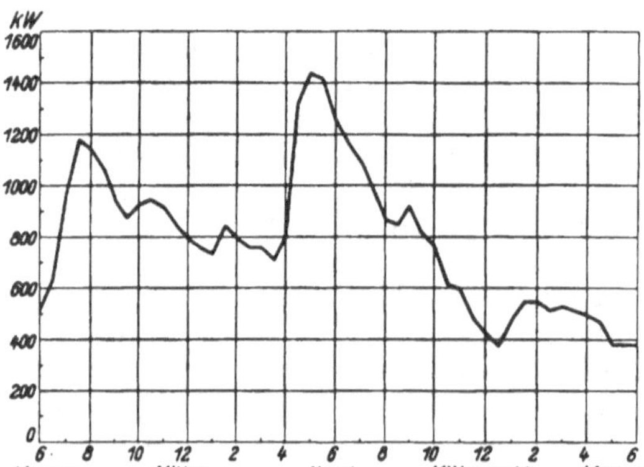


Bild 10. Schaulinie der wechselnden Belastung eines Kraftwerkes an einem Dezembertage.

Diese Überlegungen führen zu dem Ergebnis: Je mehr der Landwirt

Bild 11. Dieselmotor, gekuppelt mit Drehstrom-Generator.

die Verwendungsmöglichkeiten elektrischen Stromes in seiner Wirtschaft ausschöpft, desto mehr setzt er seinen Stromlieferanten in den Stand, niedrige Strompreise zu berechnen und dadurch den sonstigen Vorzügen der Elektrizitätsverwendung den der Wohlfeilheit hinzuzufügen, ein Vorzug, der aber nicht, was leider oft geschieht, allein den Ausschlag für zu fassende Entschlüsse geben sollte.

Ein beachtliches Mittel, um die Wirtschaftlichkeit einer Stromlieferungsanlage zu erhöhen, d. h. den Durchschnittspreis des elektrischen Stromes für den Stromverbraucher zu verringern, ist die Ausnutzung des Stromes in den Nachtstunden. Legt man die Schwankungen der im Laufe eines Tages nutzbar abgegebenen Strommengen in einer Schaulinie (Bild 10) zeichnerisch fest, wie das die Technik hier und in ähnlichen Fällen mit Vorteil zu tun pflegt, so erkennt man, daß im allgemeinen diese Schaulinie während der Nachtstunden am tiefsten liegt, früh ansteigt, in den Vormittag- und Nachmittagstunden ziemlich gleichmäßig hoch verläuft, mittags herabsinkt und gegen Abend die höchste Lage erreicht. Sind auch derartige Stromkurven naturgemäß sehr verschieden je nach der Jahreszeit, der Art des Stromversorgungsgebietes, je nachdem, ob es sich um einen Arbeits- oder Feiertag handelt und — besonders in landwirtschaftlichen Gebieten — je nach der Wetterlage: in dem großen Unterschiede zwischen Tag- und Nachtbelastung stimmen sie alle überein. Da aber die Erzeugungskosten der in der Nacht abgegebenen geringen Strommengen nicht nennenswert niedriger sind als diejenigen der am Tage abgegebenen erheblich größeren Strommengen, ist es berechtigt, den nächtlichen Stromverbrauch tunlichst zu fördern, um dem auf Seite 9 erwähnten idealen Betriebszustande näherzukommen. Deshalb geben viele Überlandwerke den Nachtstrom billiger ab als den Tagesstrom und deshalb sollte der wirtschaftlich rechnende Landwirt die ihm von der Technik zur Verfügung gestellten und später im einzelnen zu erwähnenden Hilfsmittel zum Ausnutzen dieses Vorteiles nach Kräften anwenden.

## B. Einzelstromerzeugungsanlagen für den eigenen Bedarf.

Nicht überall besteht die Möglichkeit, den in einer Wirtschaft benötigten elektrischen Strom fertig zu beziehen oder den Anschluß an das Leitungsnetz eines Überlandwerkes mit einem tragbaren Kostenaufwand herzustellen. Dann tritt an den Landwirt, der sich trotzdem die Vorzüge des elektrischen Stromes nutzbar machen will, die Frage heran, ob und in welcher zweckmäßigsten Weise er sich den erforderlichen Strom selbst erzeugen soll. Am einfachsten und mit dem geringsten Kostenaufwand kann diese Frage gelöst werden, wenn eine bereits ausgebaute Wasserkraft oder sonst eine für andere Zwecke angeschaffte Kraftmaschine vorhanden ist. Wenn z. B. dem betreffenden Gute ein Nebenbetrieb (Brennerei, Molkerei, Brauerei, Ziegelei usw.) angegliedert ist, so können die Dampfkessel- und Maschinenanlagen, die Benzol-, Diesel-, Glühkopf- oder ähnliche Explosionsmotoren (Bild 11) oder die Windkraftmaschinen, die diesen Betrieb mit Kraft versorgen, nebenbei zur Erzeugung elektrischen Stromes verwendet werden. Freilich muß man fast in allen diesen Fällen einen Gleichstromgenerator mit einer Akkumulatorenbatterie aufstellen, wenn man auch zu den Zeiten des Maschinenstillstandes, besonders für die Beleuchtung während der Nacht, elektrischen Strom benutzen will. Diese Batterie, die sowohl zum Aufspeichern der Elektrizität als auch zur Erzielung ruhigen Lichtes bei nicht ganz gleichmäßigem Gang der Betriebskraftmaschine dient, bedeutet aber eine Erhöhung nicht nur der Anlage-, sondern auch der Betriebskosten, und zwar wegen der beim Laden und Entladen entstehenden Verluste und wegen der vermehrten Zins- und Unterhaltungsausgaben. Die Anordnung und Ausführung derartiger Einzelanlagen zur Erzeugung elektrischen Stromes ist von anderen Anwendungsgebieten her und aus früheren Zeiten derart bekannt, daß ihre ausführliche technische Beschreibung an dieser Stelle erspart werden kann. Nur zwei für die Landwirtschaft besonders beachtliche Anordnungen sollen hier eingehender besprochen werden. Die erste, die sogenannte Hauszentrale, ist dem Bedürfnis entsprungen, auch dort elektrischen Strom erzeugen zu können, wo für die Aufstellung und den Betrieb der Maschinenanlage keine sachverständige Bedienung verfügbar ist. Die Zentrale besteht aus einem Benzin- oder Petroleummotor von etwa 3 PS, der mit einer Dynamo

Bild 12. „Hauszentrale“ für Schaltung mit Akkumulatoren-Batterie.

von etwa 1,5 kW-Leistung direkt gekuppelt ist. Bei Verwendung dieser Maschine zu Hausbeleuchtungszwecken ist die Aufstellung einer Akkumulatorenbatterie unbedingt zu empfehlen. Wird das Netz nur mit wenigen Lampen belastet, wie dies im täglichen Gebrauch der Fall sein wird, so ist es wirtschaftlich, den Strom aus der Batterie zu entnehmen. Diese wird ein- oder zweimal in der Woche von der Dynamomaschine aufgeladen. In Ausnahmefällen, z. B. wenn bei Festbeleuchtungen der Strombedarf größer ist als für die Batterie zulässig, ist das Lichtnetz direkt von der Dynamomaschine zu speisen. Wenn elektrische Energie für Motoren zum Antrieb hauswirtschaftlicher Maschinen oder Heizapparate benötigt wird, so empfiehlt es sich, ebenfalls den Strom der Dynamomaschine direkt zu entnehmen. Außerdem kann der Motor, während die Dynamomaschine nicht für die Ladung der Batterie dient oder Strom an das Netz direkt abgibt, mechanische Arbeit zum Antrieb von Haus- und Wirtschaftsmaschinen (Hauswasserpumpen, Säge, Schleifstein, Eismaschine oder einer Transmission) abgeben. Hierzu dient die auf der verlängerten Dynamowelle aufgesetzte Riemenscheibe.

Als Betriebstoff kann jeder für Automobile geeignete Brennstoff (Benzin, Benzol, Gasolin) verwendet werden. Auf besonderen Wunsch können die Maschinen mit einer Vorwärmeeinrichtung für den Brennstoff geliefert werden, wodurch der Betrieb mit Lampenpetroleum durchführbar ist. Der Verbrauch an Benzin, Benzol bzw. Lampenpetroleum ist etwa 700 g je Kilowattstunde. Die Schaltanlage ist mit der Maschine vereinigt und enthält alle für den sicheren Betrieb erforderlichen Vorrichtungen. Ein automatischer Selbstschalter schützt die Maschine auch vor Rückstrom aus der Batterie. Die Ladung der Batterie erfolgt bei selbsttätiger Regulierung mit gleichbleibender Ladeleistung und ist daher bei völlig erschöpfter Batterie in 4—5 Stunden beendet. Die Durchführung der Ladung mit hoher Ladeleistung bietet den großen Vorteil kürzester Ladezeit und geringsten Brennstoffverbrauches. Der Schaltkasten enthält in den oberen Teilen vier Klemmschrauben zum Anschluß der Netz- und Batterieleitungen. Die Maschine gibt mit selbsttätiger Regulierung die normale Spannung bis zur vollen Belastung an das Netz ab, so daß alle angeschlossenen Lampen hell und gleichmäßig brennen. Die Schalterbedienung erfordert keine Kenntnisse, und eine der Anlage schädliche Betätigung ist nicht ausführbar. Bei Belastung der Dynamo ist eine Kraftentnahme mittels Riemenscheibe nicht zulässig. Zu diesen Maschinen wird eine Akkumulatorenbatterie geliefert, deren Leistung entweder 109 Amperestunden bei 32 V Netzspannung oder 73 Amperestunden bei 65 V Netzspannung beträgt. Im ersten Fall reicht die Anlage für 25 installierte Metallfadenlampen von 25 Kerzenstärke, im zweiten für 45 desgleichen aus. — Für größere Anlagen werden Maschinensätze von 4 kW-Leistung (Bild 12) mit besonderer Schalttafel für Befestigung an der Wand geliefert; sie stimmen aber sonst in der Art des Zusammenbaues mit der beschriebenen 3 kW-Anlage überein.

Bild 13. Windkraftmaschine nach dem System Kumme.

In zweiter Linie kommen Windkraftanlagen in Betracht. Während die früher zahlreich gebrauchten Windmühlen immer mehr verschwinden, hat der Bau und die Aufstellung neuartiger Windkraftmaschinen in den letzten Jahren zugenommen. An Stelle der 4—6flügligen Windmühlen traten zunächst die Windturbinen, von denen angenommen wurde, daß durch die Anordnung zahlreicher schmaler Schaufeln ihre Nutzleistung nennenswert erhöht werden würde. Nachdem man aber erkannt hatte, daß sich diese Erwartung nicht in ausreichendem Maße erfüllt hat und auch nicht erfüllen konnte, hat man neuerdings bei den Windturbinen mit gutem Erfolge die Schaufelzahl erheblich vermindert. Die Erforschung der Luftströmungsgesetze, die, angeregt durch das Flugzeugwesen, besonders in Göttingen eine ergebnisreiche Stätte gefunden hat, führte schließlich zu den neuesten Konstruktionen, die in Deutschland hauptsächlich durch die Systeme Kumme (Eisenwerk Königsberg i. Pr.) (Bild 13) und Major Bielau (Venti-Motor) vertreten sind. Bei beiden Systemen wird eine Erhöhung der Leistung durch geeignete Querschnitts- und Flächenformen der Flügel in dem Sinne angestrebt und teilweise erreicht, daß man mit ihrer Hilfe auch niedrigere und höhere Winddrücke als bisher auszunutzen vermag und daß man den aero-dynamischen Wirkungsgrad erhöht, d. h., daß man den Unterschied zwischen der im Wind vorhandenen und von der Maschine nutzbar abgegebenen Kraft tunlichst verkleinert. Beide Systeme zeigen auch nach der Richtung hin Fortschritte, daß ihre Regulierfähigkeit verbessert worden ist. Kumme z. B. erreicht durch seine diesem Zweck dienenden Anordnungen, daß sich das Flügelrad selbsttätig am günstigsten zur Windrichtung einstellt (Hilfswindräder), daß sich die Flügel ebenfalls, und zwar durch einen Fliehkraftregler um ihre Längsachse verstellen lassen, so daß dadurch die Leistung und Drehzahl der Maschine geregelt wird, und endlich, daß sich die

Bild 14. Generatoranlage mit senkrechter Welle und Schalttafel einer Windkraftanlage in Obuchshöfchen bei Mohrungen.

Flügel bei Überschreiten der höchstzulässigen Windgeschwindigkeit mittels eines Gegengewichtes so durch Drehung um ihre Längsachse einstellen, daß der Wind keinen Druck mehr ausüben kann, die Maschine also stillgesetzt wird. Beim Venti-Motor geschieht die Regulierung durch Wirbelbremsen mit einem sehr beachtlichen aero-dynamischen Wirkungsgrade.

Die Umwandlung der durch Windkraftmaschinen erzeugten mechanischen Kraft in Elektrizität beansprucht auch in elektrotechnischer Beziehung besondere Anordnungen, die sich einerseits auf die Wicklung der Generatoren, andererseits auf die selbsttätigen Schalter beziehen (Bild 14). Der Zweck dieser besonderen Einrichtungen ist der, bei wechselnder Drehzahl der Windkraftmaschine trotzdem eine gleichmäßige Elektrizitätspannung zu erreichen, wie sie für das Laden der Akkumulatoren nötig ist und wie sie durch rein mechanische Mittel nicht erreicht werden kann. Die Aufgabe der selbsttätigen Schalter gipfelt darin, den elektrischen Teil innerhalb bestimmter Grenzen selbsttätig ein- und auszuschalten. Es darf hier auf die eingehende technische Beschreibung der dafür in Betracht kommenden Systeme auch deshalb verzichtet werden, weil aus den nachher angegebenen Gründen die Anwendung von Windkraftanlagen in der Landwirtschaft verhältnismäßig selten in Frage kommt.

Die Windkraftfrage ist neuerdings durch die Erfolge Flettners mit seinem Rotorschiff in den Vordergrund der allgemeinen Aufmerksamkeit gerückt. Ob der ihm zugrunde liegende sogenannte Magnuseffekt sich auch für den hier vorliegenden Zweck als anwendbar erweisen wird oder ob das Prinzip des Flettnerruders dafür benützt werden kann, ist noch nicht entschieden. Dem Landwirt liegt die Verwendung der Windkraft deshalb besonders nahe, weil im allgemeinen im Freien ihre Ausnützbarkeit größer als in geschlossenen Siedlungen ist. Da erprobte und zweckmäßige Maschinen konstruktionen zur Verfügung stehen, hat sich deshalb die Überlegung zwei anderen Fragen zuzuwenden, und zwar 1. ob, mit welcher Stärke und mit welcher Gleichmäßigkeit und Dauer des Windes im einzelnen Falle gerechnet werden kann und 2. ob die Anlagekosten einerseits und die Ausnützungsmöglichkeiten andererseits in einem wirtschaftlich gesunden Verhältnis zueinander stehen. Über die Windstärken, Windrichtungen und Windhäufigkeit geben die Aufzeichnungen der meteorologischen Stationen einen ziemlich sicheren Anhalt, wenn auch zuweilen die damit nicht erfaßten besonderen örtlichen Verhältnisse eine wichtige Rolle spielen. Im allgemeinen kann man sagen, daß die Windverhältnisse um so günstiger sind, je näher die betreffende Gegend dem Meere liegt, daraus erklärt es sich auch, daß z. B. in dem zwischen großen Wasserflächen liegenden Dänemark Windkraftmaschinen große Ausbreitung gefunden haben. Für die Untersuchung der Wirtschaftlichkeit gilt das auf Seite 11 bezüglich der Ausnützung von Wasserkräften Gesagte beinahe wörtlich. Auch hier macht sich oft die Meinung geltend, der Wind koste ja nichts und deshalb müsse seine Verwendung billig sein. Auch hier spielen der Zinsendienst und die Unterhaltungskosten die wichtigste Rolle und es ist deshalb an einen wirtschaftlich günstigen Erfolg nur zu denken, wenn sich diese festen Betriebskosten auf eine möglichst große Anzahl von Pferdekraft- bzw. Kilowattstunden verteilen. Die Voraussetzungen hierfür sind aber in landwirtschaftlichen Betrieben sehr ungünstig, so daß in der Regel nur dann die Ausnützung der Windkraft für deren Zwecke in Betracht kommt, wenn sie durch Nebenbetriebe aller Art, z. B. Be- und Entwässerungspumpen, Werkstätten mit dauernd laufenden Arbeitsmaschinen usw. nach Leistung und Zeit genügend voll ausgenutzt wird. Auf die Grundsätze für die Aufstellung vergleichender wirtschaftlicher Betriebskostenberechnungen wird an anderer Stelle (S. 128) näher eingegangen.

---

# III. Anwendung elektrischen Starkstromes in der Landwirtschaft.

## A. Allgemeines.

Um die Aufgaben der Elektrizitätsanwendung in der Landwirtschaft zu erkennen, soll zunächst untersucht werden, welche Arbeitsgrundlagen im landwirtschaftlichen Betriebe vorhanden und zu beachten sind. Betrachtet man z. B. die Vorgänge beim Dreschen des Getreides, so zeigt sich folgendes: Soll das vom Acker eingefahrene Getreide verkaufsfertig oder sonst nutzbar gemacht werden, so ist es die erste Aufgabe der Landwirtschaft, die Körnerfrüchte durch Dreschen vom Halm zu trennen, d. h. aus der Ähre zu lösen. Dazu ist die selbstverständliche Voraussetzung das Vorhandensein des Getreides, also des Stoffes, die Anwendung einer Kraft, mit deren Hilfe das Werkzeug seine Arbeit leisten soll. Arbeit entsteht, wenn Kraft sich zeitlich auswirkt. Dieser Zusammenhang findet u. a. Ausdruck durch die Bezeichnung der Maßeinheiten für Kraft und Arbeit. Die in der Technik gebräuchlichen Maßeinheiten für die Kraft heißen z. B. Pferdestärke (PS), Watt (W) oder Kilowatt (kW), diejenigen für die Arbeit dagegen Pferdestärkestunde (PSh) Wattstunde (Wh) oder Kilowattstunde (kWh). Kraft, Stoff und Zeit bilden also zusammen die Grundlagen jeder Arbeit, und dazu tritt als gleichberechtigtes Glied das Werkzeug, das die bewegte Kraft dem zu bearbeitenden Stoff zuführt.

Der Kraftweg beim Dreschen mit dem Dreschflegel beginnt in den Muskeln des Dreschers, führt durch seine Arme und Hände in den Dreschflegel und endet — Arbeit am Stoffe leistend — dort, wo der Klöppel des Dreschflegels auf die Ähren auftrifft. Tritt an Stelle des Werkzeuges die Arbeitsmaschine, im vorliegenden Fall also an Stelle des Dreschflegels die Dreschmaschine und an Stelle des Kraft erzeugenden menschlichen Muskels die Kraftmaschine (Wasser, Wind oder Wärme), dann müssen auch an die Stelle der Arme und Hände andere Kraftübertragungsmittel treten. Während hierfür früher ausschließlich Riemen und Riemenscheiben, Seile und Seilscheiben oder ähnliche mechanische Einrichtungen zur Verfügung standen und auch heute bei kurzen Kraftwegen anwendbar sind, ist die Frage der Kraftübertragung und -verteilung auf größere Entfernungen erst durch Einführen der Elektrizität in technisch und wirtschaftlich günstiger Weise gelöst worden. Die Elektrizität wirkt also bis auf verschwindend geringe Ausnahmen hier nur als Vermittlerin zwischen den Stellen der Krafterzeugung und der Kraftverwendung.

Die allgemein bekannten Vorzüge elektrischer Kraftübertragung und -verteilung treten kaum in einem anderen Verwendungsgebiet so deutlich in die Erscheinung wie in der Landwirtschaft. Während in den Werkstätten der Industrie und des Gewerbes die Arbeitsmaschinen sich in der Regel zu größeren Gruppen auf engem Raume vereinen und sich deshalb verhältnismäßig bequem gemeinsam antreiben lassen, verteilen sich die Arbeitsmaschinen jedes landwirtschaftlichen Betriebes auf ein verhältnismäßig großes räumliches Gebiet, und zwar teils im Freien (Wirtschaftshof und Feld), teils in verschiedene meist voneinander getrennt angeordnete geschlossene Räume (Ställe, Scheunen, Futterboden, Getreidespeicher, Reparaturwerkstätten u. a. m.). Für die hierdurch bedingten Einzelantriebe, die zudem sehr selten gleichzeitig in Tätigkeit treten, eignet sich der Elektromotor als unmittelbar antreibende Kraftmaschine besser als jede andere Kraftquelle.

Aber nicht nur für den Antrieb der Arbeitsmaschine durch den leicht bedienbaren Elektromotor wird der elektrische Strom verwendet, sondern auch zur Erzeugung von Licht und Wärme.

Unter den bekannten Vorzügen der elektrischen Beleuchtung kommen in der Landwirtschaft die große Feuersicherheit in Wohnräumen, Scheunen und Ställen, sowie die unbegrenzte leichte Teilbarkeit und Sparsamkeit besonders zur Geltung.

Von der Wärmeerzeugung durch elektrischen Strom sind an erster Stelle zu erwähnen die Bereitung heißen Wassers während der Nachtstunden (Wärmespeicher), die Aufspeicherung von Wärme in „Speicheröfen“ und die Haltbarmachung saftigen Grünfutters, worüber später noch eingehend die Rede sein wird.

Schließlich sei noch der Vollständigkeit halber an dieser Stelle auf die Versuche hingewiesen, die den Zweck verfolgen, durch elektrisches Licht und durch elektrische Bestrahlung das Pflanzenwachstum zu fördern (Elektrokultur), die aber bisher für die Praxis keine nennenswerte Bedeutung gewonnen haben.

## B. Anwendung elektrischen Stromes zur Erzeugung mechanischer Kraft.

### a) Allgemeines.

Der nach Umfang und Wirkung wichtigste Teil der Elektrizitätsverwendung in der Landwirtschaft ist die Umwandlung elektrischen Stromes in mechanische Kraft. Nehmen wir, um bei dem auf Seite 19 behandelten Beispiele zu bleiben, an, ein Gutsbesitzer habe früher sein Getreide durch Knechte mittels Dreschflegel auf der Tenne ausdreschen lassen, habe sich aber später eine Dreschmaschine angeschafft und diese durch Pferde oder Ochsen mittels Göpel (Roßwerk) antreiben lassen. Dieser Göpel hat die Aufgabe, die erzeugte tierische Muskelkraft mit Hilfe von Hebeln, Zahnrädern, Riemenscheiben und Riemen auf die arbeitenden beweglichen Teile der Dreschmaschine zu übertragen. Tritt an Stelle der tierischen eine mechanische Kraftquelle, also z. B. eine Wind-, Wasser- oder Wärmekraftmaschine, so bedürfen wir auch hier in jedem Fall eines oder mehrerer Mittel, um die derart erzeugte mechanische Kraft auf die Dreschmaschine zu übertragen. Gestatten es die Verhältnisse, die Antriebskraftmaschine in großer Nähe des Dreschkastens aufzustellen, so wird man mit den bereits erwähnten mechanischen Übertragungsmitteln auskommen, wenn man auch in der Freiheit der Maschinenaufstellung beschränkt ist. Schwieriger wird die Lösung der Aufgabe, wenn von einer Kraftmaschine mehrere Arbeitsmaschinen angetrieben werden sollen, die aus betriebswirtschaftlichen Gründen über das Gutsgelände verstreut aufgestellt werden müssen. Dann kommt man sehr bald an eine Grenze, wo Wellenstränge, Riemen und Riemenscheiben oder Seile und Seilscheiben wegen ihrer hohen Anlage- und Unterhaltungskosten und wegen der unterwegs auftretenden Kraftverluste (Lagerreibung u. a. m.) unwirtschaftlich werden. Bis zu einem gewissen Grade hilft man sich in solchem Falle dadurch, daß man fahrbare Kraftquellen in Gestalt von Dampf- oder Benzollokomotiven verwendet. Hierdurch kann man wohl die Kraftübertragung vereinfachen, nicht aber eine genügende Kraftverteilung erreichen. Überdies muß man dann die Kraftstoffe Kohle, Benzol, Benzin usw. vom Lager nach dem Verwendungsorte fahren oder tragen lassen und dafür Kosten aufwenden.

Zur Überwindung dieser Schwierigkeiten bietet die Elektrizität die erwünschte Hilfe dar. Wandelt man in der oben bereits angegebenen Weise die an einer dafür besonders gut geeigneten Stelle erzeugte mechanische Kraft (Dampf, Wasser usw.) mit Hilfe von dynamo-elektrischen Maschinen (Generatoren) in elektrischen Strom um, so läßt sich dieser in fest verlegten Leitungsdrähten, also ohne bewegte, der Abnützung unterworfene Hilfsmittel, auf weite Entfernungen und nach allen Richtungen dorthin leiten, wo nach seiner Rückverwandlung in mechanische Kraft ein Bedarf gedeckt werden soll. Das Gesagte gilt ebenso für Kleinkrafterzeugungs- und Verteilungsanlagen für den eigenen Bedarf wie für die großen Überlandzentralen, die von ihren Kraftwerken aus ganze Länder und Provinzen mit elektrischem Strom versorgen.

### b) Der Elektromotor.

Zur Umwandlung des elektrischen Stromes in mechanische Kraft an deren Verwendungstelle dient der Elektromotor, dessen Bedeutung als Antriebsmaschine der verschiedenartigsten landwirtschaftlichen Arbeitsmaschinen in den letzten Jahren derart zugenommen hat und an Bedeutung noch immer mehr zunehmen wird, daß hier eine ausführliche Aufzählung derjenigen Eigenschaften am Platze ist, die ihn für landwirtschaftliche Betriebsverhältnisse ganz besonders geeignet erscheinen lassen:

1. Einfacher mechanischer Aufbau, infolgedessen leichte Wartung und Bedienung durch jede einigermaßen zuverlässige, wenn auch nicht sachverständige Person.
2. Geringer Aufwand für Schmier- und Putzmaterial.
3. Niedrige Leerlaufsverluste.
4. Niedriges Gewicht und geringer Platzbedarf.
5. Unmittelbare Erzeugung einer Drehbewegung ohne hin und her gehende Massen und infolgedessen ruhiger stoßfreier Gang.
6. Aufstellungsmöglichkeit in jeder Lage unter Wegfall kostspieliger Fundamente.
7. Bequemes In- und Außerbetriebsetzen durch Drehen von Schaltergriffen oder Anlasserhebeln.
8. Stete Betriebsbereitschaft ohne Anheizen oder Andrehen.
9. Große Überlastbarkeit bei stoßweise auftretenden starken Beanspruchungen.
10. Wegfall von Explosions- und Vergiftungsgefahr, von lästiger Wärmeausstrahlung, von Abdämpfen und Abgasen. Verringerung der Feuersgefahr.
11. Ausführung für kleinste und größte Leistungen in nahezu gleich wirtschaftlicher Weise.
12. Anpassung an die verschiedensten Verwendungszwecke und Aufstellungsverhältnisse durch verschiedene Ausführungsformen: offen, ventiliert gekapselt, vollständig geschlossen, mit Mantelkühlung, mit Sonderisolation, mit angebauter Anlaßwalze, mit angebautem Zahnradvorgelege zur Erzielung niedriger Drehzahl.
13. Niedrige Anlage- und Betriebskosten.

Je nach der Art des zur Verwendung stehenden elektrischen Stromes unterscheidet man Gleichstrommotoren, einphasige, zweiphasige Wechselstrommotoren und Drehstrommotoren.

Von den Drehstrommotoren sind diejenigen mit Kurzschlußläufer (Bild 15) in bezug auf Aufbau, Wartung und Abnützung die einfachsten. Sie bestehen, rein äußerlich betrachtet, im wesentlichen aus folgenden Teilen: Ein zylindrischer Eisenkörper hat außen zwei angegossene Füße zu seiner Befestigung auf einer Unterlage und im Innern das aus weichem Eisenblech zusammengesetzte Ständerblechpaket mit der primären Wicklung. Die Ausrüstung dieses als Ständer bezeichneten Gehäuses wird vervollständigt durch mit Schutzgitter abgeschlossene Lüftungsöffnungen, einen seitlich angebrachten Anschlußstutzen für die Zuleitungen und einen oben eingeschraubten Ring, der dazu dient, den Motor mittels Haken, Seil oder Kette auf seine Unterlage aufzusetzen oder von ihr abzuheben. Das Klemmenbrett ist abgedeckt durch einen Eisendeckel mit einer isolierenden Abschlußscheibe für den Durchgang der Anschlußkabel. Hierdurch entspricht der Motor den Leitsätzen für die Errichtung elektrischer Starkstromanlagen in der Landwirtschaft. An jede der beiden offenen Gehäuseseiten ist ein Lagerschild angeschraubt, dessen Querträger in der Mitte ein mit zuverlässiger Schmiervorrichtung ausgerüstetes Wälz- oder Kugellager trägt. Auf der in den Lagern ruhenden Welle sitzt innerhalb des Ständers der Läufer (Bild 16), ein aus Eisenblechen zusammengesetzter zylindrischer Körper mit der sekundären Wicklung, und an einer Seite außerhalb des Ständers eine Riemenscheibe oder ein Zahnrad oder eine Kupplungshälfte, die mittel- oder unmittelbar die mechanische Verbindung der Motorwelle mit der Antriebswelle der Arbeitsmaschine herstellt. Die Wicklung des Läufers besteht aus drei leitend nicht miteinander verbundenen und in sich kurz geschlossenen Teilen: daher die Bezeichnung Kurzschlußläufer.

Bild 15. Drehstrommotor mit Kurzschlußläufer, offen.

Die neuen Wälzlager sind haltbarer, und der Gang des Motors ist leichter. Sie sind mit Fett zu schmieren, das in Tuben geliefert wird. Versuche haben ergeben, daß ein Motor mit der Schmierung, die er im Werk erhalten hat, 2400 Betriebstunden laufen kann.

Bild 16. Kurzschlußläufer eines Drehstrommotors.

Da jedoch diese Kurzschlußmotoren beim Einschalten, also beim Eintritt des elektrischen Stromes in die Ständerwicklung, einen das Mehrfache ihrer normalen Betriebstromstärke betragenden Stromstoß im Leitungsnetz hervorrufen, wurden sie bis vor kurzem im allgemeinen nur bis zu einer Leistung von etwa 2,2 kW zum unmittelbaren Anschluß an die Leitungsnetze der Überlandzentralen zugelassen, selbst wenn man zur Verringerung des Stromstoßes einen Sterndreieckschalter zum Anlassen verwendete. Oberhalb der vorgeschriebenen Leistungsgrenzen verwendete man bisher ausschließlich Drehstrommotoren mit Schleifringläufer (Bild 17), die dadurch gekennzeichnet sind, daß in dem Läuferstromkreis ein regelbarer Vorschaltwiderstand mittels Schleifringen und darauf ruhenden Kohlebürsten eingefügt wird, durch den die Anlaufstromstärke herabgemindert werden kann. Der in der Läuferwicklung umlaufende Strom wird ihr nicht von außen zugeführt, sondern entsteht durch Induktion unter Einwirkung der in dem Eisenkern von Ständer und Läufer auftretenden magnetischen Kraftlinien. Da der nach der Anlaufzeit mit seiner vollen Drehzahl laufende Motor der Verbindung zwischen Widerstand und Läuferwicklung nicht mehr bedarf, kann er mit Bürstenabhebern versehen werden, die die Aufgabe haben, den Verschleiß der Schleifringe und Schleifkörper auf das geringste Maß herabzudrücken. Mit Rücksicht darauf, daß die Elektromotoren der Landwirtschaft in den meisten Fällen nur verhältnismäßig kurze Zeit im Betriebe sind und deshalb dieser Verschleiß eine untergeordnete Rolle spielt, während andererseits die landwirtschaftlichen Verhältnisse eine möglichst einfache und betriebsichere Ausgestaltung aller darin verwendeten Maschinen verlangen, verzichtet man in der Regel auf die erwähnten Abhebevorrichtungen.

Bild 17. Schleifringläufer, Ständer und Lagerschild eines Drehstrommotors.

Die Gleichstrommotoren (Bild 18) unterscheiden sich in mechanischer Beziehung von den Drehstrommotoren mit Schleifringläufer dadurch, daß sie an Stelle der Schleifringe sogenannte Kollektoren haben, auf denen die Schleifkörper (Bürsten) während des Betriebes dauernd aufliegen müssen, weil hier der dem Leitungsnetz entnommene Strom nicht nur der Gehäusewicklung, sondern auch der Ankerwicklung zugeführt werden muß. Bringen es die Verhältnisse mit sich, daß mit großer Luftfeuchtigkeit und mit Säuregehalt der Luft zu rechnen ist, wie in Pumpenschächten, Molkereiräumen u. a. m., dann empfiehlt es sich, die Wicklungen des

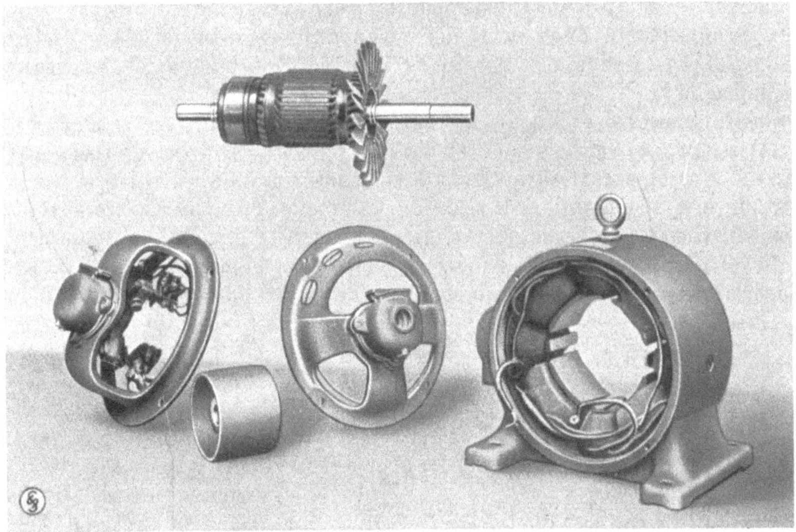

Bild 18. Anker mit Ventilator, Magnetgestell, Lagerschilde und Riemenscheibe eines Gleichstrommotors.

Gleichstrom- oder Drehstrommotors mit einer Sonderisolation versehen zu lassen. Ist dagegen auf Staubentwicklung Rücksicht zu nehmen, dann verwendet man geschützte, ventiliert gekapselte Motoren (Bild 19), die Landwirtschaftstype mit gekapselten Schleifringen (Bild 20) oder Kühlmantelmotoren (Bild 21), von denen besonders die letzteren einen sicheren Schutz gegen das Eindringen von Staub in das Innere des Motors gewährleisten, ohne daß, wie bei den vollständig geschlossenen Motoren, durch stärkere Erwärmung wegen des Abschlusses von der Außenluft eine Leistungsverminderung auftritt.

Bild 19. Drehstrommotor, ventiliert gekapselt, mit Kurzschlußläufer.

Bild 20. Drehstrommotor mit gekapselten Schleifringen (Landwirtschaftstype).

Schließlich ist in diese Betrachtung der verschiedenen Arten von Drehstrommotoren auch noch der sogenannte kompensierte Motor (Bild 22) einzuschließen, der in der letzten Zeit besondere Beachtung gefunden hat.

Drehstrommotoren und Apparate entnehmen dem Leitungsnetze einen bestimmten Strom, den sogenannten Wirkstrom, der ihrer Arbeitsleistung und ihren Verlusten entspricht. Außerdem benötigen sie aber einen weiteren Strom, den sogenannten Blindstrom, der zur Aufrechterhaltung ihres magnetischen Feldes dient. Auch dieser Strom wird dem Netz entnommen, muß von Leitungen und Transformatoren übertragen und schließlich in den Generatoren des Kraftwerkes erzeugt werden. Bisher wurde lediglich dem Wirkstrom Beachtung geschenkt und dementsprechend auch die Bezahlung des verbrauchten Stromes nur nach dem gemessenen Wirkstromverbrauch berechnet. In unserer Zeit sind aber die nachteiligen Wirkungen des Blindstromes sehr fühlbar geworden, da sie die volle Ausnützung der Leitungen mit Zubehör und der in den Kraftwerken vorhandenen Einrichtungen ganz erheblich behindert haben. Aus diesem Grunde ist man allgemein dazu übergegangen, die schädlichen Wirkungen des Blindstromes, dessen Größe durch den sogenannten Leistungsfaktor gemessen wird, auszugleichen, d. h. Maßnahmen zur Verbesserung des Leistungsfaktors zu treffen. Die Elektrizitätswerke waren allein nicht in der Lage, den Blindstrom zu bekämpfen, da dessen Ursachen, die Motoren, sich in den Händen der Stromkäufer befinden. Aus diesem Grunde haben die Elektrizitätswerke die verschiedensten Wege eingeschlagen, um den Verbrauch an Blindstrom bei den Stromkäufern auf ein geringes Maß herabzudrücken und einen möglichst großen Teil sämtlicher Verbraucher am Kampf gegen den schlechten Leistungsfaktor zu beteiligen. So wurde der Blindstromverbrauch, der über ein bestimmtes Maß hinausgeht, ebenfalls unter Bezahlung gestellt. In anderen Fällen wurde den Stromverbrauchern vorgeschrieben, einen bestimmten Leistungsfaktor nicht zu unterschreiten, d. h. einen bestimmten Blindstromverbrauch auf jeden Fall nicht zu überschreiten.

Bild 21. Kühlmantelmotor mit Schleifringläufer, angebauter Ölanlaßwalze und Bürstenabhebevorrichtung.

Dieses Vorgehen der Elektrizitätswerke stellt nun die Stromverbraucher vor die Frage, welche Maßnahmen sie treffen müssen, um den Forderungen der Elektrizitätswerke nachzukommen. Sie stoßen dabei auf eine große Anzahl von Einrichtungen und Sonderkonstruktionen der Motoren, die von der elektrotechnischen Industrie zur Bekämpfung des schlechten Leistungsfaktors in den Netzen entwickelt worden sind. Eine weitere Schwierigkeit besteht darin, diese Einrichtungen und Motoren in solcher Weise zu verwenden, daß sowohl für die Gesamtwirtschaft wie für Stromerzeuger und Stromverbraucher der wirtschaftliche Bestfall, d. h. der geringste Kostenaufwand erreicht wird. Da die verbessernden Maßnahmen sich am leichtesten und am billigsten dort treffen lassen, wo große Maschineneinheiten zur Verfügung stehen, so sind die zu wählenden Mittel in industriellen Versorgungsbezirken verhältnismäßig leicht zu finden. Dagegen bietet die Leistungsfaktorverbesserung in landwirtschaftlichen Bezirken ganz erheblich größere Schwierigkeiten, denn die dort vorhandenen Motoren haben zumeist kleine Leistungen, und für die Wartung und Beobachtung steht nur selten elektrotechnisch geschultes Personal zur Verfügung. In letzter Zeit wurden kompensierte Motoren kleiner und kleinster Leistung auf den Markt gebracht, die einen Blindstromverbrauch nicht haben. Diese Motoren scheinen in erster Linie geeignet zu sein, dem schlechten Leistungsfaktor in landwirtschaftlichen Netzen abzuhelfen. Die Kompensierung von Drehstrommotoren kann aber praktisch nur bei Inkaufnahme eines Mehrpreises und des Anbaus eines Kommutators oder sogar von Schleifringen ermöglicht werden. Dem Vorteil der Kompensierung stehen also wirtschaftliche und betriebstechnische Nachteile gegenüber, denn Motoren, die einen Kommutator haben oder über Schleifringe ans Netz gelegt werden, können unter keinen Umständen die gleiche Betriebsicherheit aufweisen wie Kurzschlußläufer oder auch gewöhnliche Schleifringmotoren. Die Siemens-Schuckertwerke haben versucht, die betriebstechnischen Nachteile besonders auf die kleinsten Leistungen bis 5,5 kW nach Möglichkeit dadurch zu beschränken, daß sie kompensierte Motoren dieser Größe als Kurzschlußläufer ausführen, die mit der Ständerwicklung ans Netz gelegt sind (Heyland-Motoren). Die betriebstechnischen Schwierigkeiten werden dadurch auf ein Mindestmaß herabgedrückt. Über 5,5 kW müßte zum Osnos-Motor gegriffen werden, der außer dem

Bild 22. Kompensierter Drehstrommotor.

Kommutator Schleifringe besitzt, die die volle Netzspannung führen. Die betriebstechnischen Schwierigkeiten und der Mehrpreis, der für die Motoren zu zahlen ist, wird ihrer Verwendung eine gewisse Einschränkung auferlegen müssen. Sie sollten nur da aufgestellt werden, wo die äußeren Bedingungen einen sauberen, staub- und feuchtigkeitsfreien Betrieb gewährleisten. Der Mehrpreis der Motoren muß sich dadurch bezahlt machen, daß das Elektrizitätswerk beim Anschluß von kompensierten Maschinen Tarifvergünstigungen gewährt. Diese Tarifvergünstigungen werden aber nur dann erhebliche Ersparnisse bringen können, wenn diese Motoren eine einigermaßen hohe Benutzungsdauer haben. Kompensierte Motoren sind also in erster Linie bei hohen Benutzungsdauern vorzusehen. In allen Fällen kann man aber sagen, daß die Erzeugung der Blindleistung durch Einzelverbesserung, d. h. durch Aufstellung vieler kleiner Motoren erst dann am Platze ist, wenn die Blindleistungserzeugung in großen Maschinen, d. h. mit der zentralisierten und Gruppenverbesserung, aus den gegebenen Verhältnissen heraus unmöglich ist.

Sofern nicht von einzelnen stromliefernden Überlandwerken für neue Anschlüsse schlechthin kompensierte Motoren vorgeschrieben werden, wie es neuerdings zuweilen vorkommt, so muß dort, wo diese Motoren tariflich bevorzugt, die einfachen Motoren aber nach wie vor zugelassen werden, aus den angegebenen Gründen in jedem einzelnen Fall genau untersucht werden, welche Lösung für den Stromverbraucher die wirtschaftlich günstigste ist.

Um die Stromerzeugungs- und Verteilungseinrichtungen von Blindstrom zu entlasten oder den $\cos \varphi$ zu verbessern, ist es aus den angeführten Gründen meist empfehlenswert, von der Aufstellung einzelner kleiner kompensierter Motoren, d. h. von der Einzelverbesserung, abzusehen. Handelt es sich um eine Anlage, in der mehrere Motoren verschiedener Größe in Betrieb sind, so wird man am besten den größten und am schlechtesten belasteten Motor zur Kompensation herausgreifen, da er entsprechend seiner Größe den Leistungsfaktor verschlechtert bzw. bei Auswechslung oder Verbesserung durch Anbau einer kleinen Erregermaschine den Leistungsfaktor der Gesamtanlage am wirksamsten verbessert.

Solche Motoren kann man unter Umständen auch mit einem voreilenden Leistungsfaktor, d. h. mit Blindleistungsabgabe an das Netz, arbeiten lassen, so daß sie gleichzeitig noch andere Motoren mit kompensieren. Diese Art der sogenannten Gruppenverbesserung stellt den wirtschaftlichsten Weg der Leistungsfaktorverbesserung dar. Größere Anlagen oder ganze Netze werden meist von seiten der Überlandwerke dadurch kompensiert, daß besonders zu dem Zwecke der Leistungsfaktorverbesserung leer mitlaufende Phasenschieber angeschlossen werden. Die so zentralisierte Leistungsfaktorverbesserung deckt den

Blindleistungsbedarf einer großen Zahl von kleinen normalen Motoren. Solche Überlandnetze sind berechtigt, für den Blindstrom einen besonderen Tarif in Anrechnung zu bringen, damit die Unkosten für die leer mitlaufenden Maschinen gedeckt werden können.

### c) Motorschalter und Motoranlasser.

Die hier zu behandelnden Schaltvorrichtungen haben allgemein die Aufgabe, einen Stromweg zu schließen oder zu unterbrechen, um den Motor, dessen Wicklung in diesem Stromkreise liegt, in oder außer Betrieb zu setzen. Da aber beim Einschalten, also beim Schließen des Motorstromkreises, zunächst die Masse der umlaufenden Teile — Läufer, Welle, Riemenscheibe, Kupplung usw. — aus dem Zustande der Ruhe in den der Bewegung übergeführt werden muß, so tritt ein Stromstoß auf, dessen Größe von der Art und Größe des Motors abhängt und der, wenn er nicht irgendwie durch geeignete Mittel gedämpft oder vermindert wird, eine erheblich größere Stromstärke aufweist als der im Gange befindliche arbeitende Motor. Nur Motoren geringer Leistung, etwa bis 0,33 kW = 0,45 PS, dürfen unmittelbar an das Leitungsnetz angeschlossen und durch einen einfachen Ausschalter (Bild 23) betätigt werden. Die hierbei auftretenden Stromstöße bleiben ohne störende Rückwirkung auf das Leitungsnetz und auf die von ihm versorgten anderen Stromverbraucher.

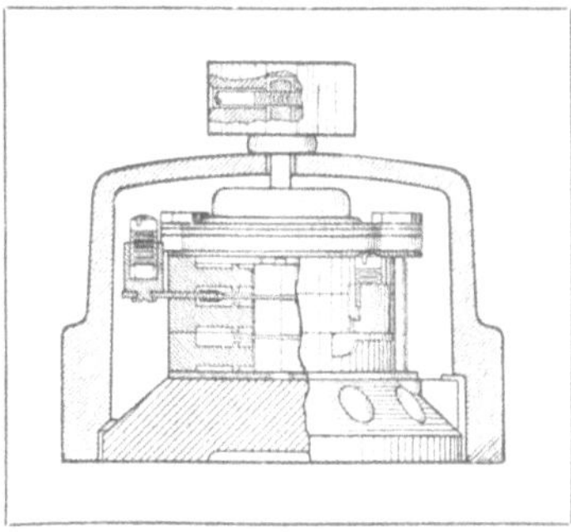

Bild 23. Paccoschalter. (Links: Schnitt durch die Schaltkammern.)

Oberhalb der angegebenen Leistungsgrenze haben an Stelle der einfachen Ausschalter Anlaßvorrichtungen zu treten, deren Zweck aus dem Vorhergesagten ohne weiteres zu erkennen ist und die diesen entweder allein oder zusammen mit entsprechender Ausgestaltung des Motors erfüllen.

Im folgenden sollen nur die für Drehstrom in Betracht kommenden Anlaßvorrichtungen eingehend beschrieben werden, weil die meisten landwirtschaftlichen Anlagen diese Stromart benutzen und weil den Schaltgeräten für Gleichstrom, ein- und zweiphasigen Wechselstrom im wesentlichen dieselben Hilfsmittel zugrunde liegen. — Die Milderung des Stromstoßes beim Anlassen von Kurzschlußmotoren läßt sich auf 3 verschiedene Arten erreichen:

1. An Stelle des einfachen Ausschalters bringt man einen Walzenschalter (Bild 24) in Verbindung mit Widerstandsdrähten an, die in ihrer ganzen Länge der Wicklung des Ständers vorgeschaltet sind. Dieser

Bild 24. Walzenschalter.

Widerstand wirkt beim Anlassen gewissermaßen als Puffer, der die Stärke des Stromstoßes verringert. Der Bedienungshebel des Walzenschalters schließt in seiner ersten Anlaßstellung den Stromkreis einschließlich des Widerstandes und schaltet in den weiteren Stellungen stufenweise die Widerstandspulen aus. Auf diese Weise wird der Läufer nicht plötzlich, sondern allmählich auf seine volle Drehzahl gebracht. Je nach den Aufgaben und der Aufstellung des Motors wird die Schaltwelle des Walzenschalters mit zwei Wellenstümpfen, mit Zugstangenhebel, Handhebel oder Fußtritt geliefert.

2. Die zweite Art arbeitet ebenfalls mit erhöhtem Widerstand beim Einschalten, benutzt dazu aber nicht besondere Drähte, sondern erreicht das Ziel durch geeignetes Umschalten der Ständerwicklung. Diese besteht aus je einer Spule für die drei Phasen des Drehstroms, und die sechs Leitungsenden dieser drei Spulen werden nach sechs Anschlußklemmen des Motors herausgeführt. Mittels eines an diese Klemmen angeschlossenen Umschalters, der die Bezeichnung Stern-Dreieckschalter (Bild 25) führt, kann man die drei Spulen entweder hintereinander (Dreieck) oder so schalten, daß je ein Spulenende mit den drei Phasenzuleitungen, die drei anderen Enden aber mit dem gemeinsamen Nullpunkt verbunden werden (Stern). Durch die Sternschaltung wird der Anlaufstrom (Kurzschlußstrom) auf ungefähr den dritten Teil herabgedrückt. Die erste Stellung ist die Anlaßstellung in Sternschaltung, in der zweiten Stellung werden zu den drei Phasen drei Widerstände parallel geschaltet, und zwar so, daß nach Aufhebung des Knotenpunktes als dritte Stellung eine Dreieckschaltung entsteht, in der die Widerstände mit den Phasenwicklungen des Motors in Reihe liegen. In der vierten Stellung wird durch Kurzschließen der Widerstände die normale Dreieckschaltung und damit die Betriebschaltung erreicht. Man verringert also auch hier während des Anlaßvorganges den Widerstand.

Bild 25. Sterndreieckschalter.

Beim Übergang von der einen zur anderen Schaltung tritt jedoch auch wieder ein Stromstoß auf, so daß die Anwendung des Sterndreieckschalters für höhere Leistungen nicht ohne weiteres zulässig ist. Um aber die bekannten Vorzüge des Kurzschlußmotors, die für die Landwirtschaft besonders bedeutungsvoll sind, möglichst weitgehend ausnutzen zu können, haben die Siemens-Schuckertwerke mit Erfolg folgenden Weg maschinentechnischer Art eingeschlagen.

3. Der mechanische Anlasser (Bild 26) ist seinem Wesen nach eine Fliehkraftkupplung, die in die Motorriemenscheibe derart eingebaut ist, daß nach dem Einschalten des elektrischen Stromes zunächst lediglich die Läuferwelle in Umdrehung versetzt, die Riemenscheibe mit dem aufliegenden Riemen und die dadurch angetriebene Arbeitsmaschinenwelle aber erst dann in sanfter Pressung hinzugeschaltet wird, wenn die erstere eine genügend große Winkelgeschwindigkeit erreicht hat. Es werden also der Anlauf und das Anziehen des Motors zeitlich voneinander getrennt und dadurch folgende zwei Aufgaben gelöst:

Bild 26. Motor mit mechanischem Anlasser.

α) Der mechanische Anlasser gestattet den Anlauf des Motors so, daß dieser unter allen Umständen — also auch bei der Stern-Dreieck-Anlaßschaltung in der Stern-Stellung — mit kleinem Stromstoß anläuft und trotzdem beim Anziehen das volle Drehmoment entwickelt, d. h. bei Vollast anzieht.

β) Er kürzt die Zeitdauer des Stromstoßes so ab, daß dieser nicht mehr störend für die an dasselbe Leitungsnetz angeschlossene Beleuchtung empfunden wird.

Die mechanischen Anlasser sind für wechselnde Drehrichtung verwendbar und können auch an Stelle der Riemenscheibe mit einer Kupplungshälfte ausgerüstet werden, so daß man den Motor mittels dieser Einrichtung unmittelbar an die Arbeitsmaschinenwelle ankuppeln kann.

Um für höhere Leistungen den beim Anlassen auftretenden Stromstoß herabzusetzen, ist aus dem Motor mit Kurzschlußläufer derjenige mit Schleifringläufer entwickelt worden, über dessen Wesen auf Seite 24 das Erforderliche gesagt ist. Hier wird in den Ständerstromkreis ein einfacher Ausschalter (je nach Stromstärke ein Dreh- oder Hebelschalter) eingefügt, dem Läuferstromkreis dagegen der eigentliche Anlasser vorgeschaltet. Für die kleineren Motoren dieser Art ist ebenfalls der bereits erwähnte Walzenschalter mit besonderem Widerstand anwendbar, man kann aber auch Anlasser und Widerstand in dem Läuferanlasser mit Luftkühlung (Bild 27) vereinigen. Um die richtige Reihenfolge der Schaltvorgänge — erst Ständerwicklung einschalten und dann Läufer anlassen — zwangläufig zu sichern, also Störungen durch falsches Schalten auszuschließen, empfiehlt es sich, in diesen Läuferanlasser den Ständerschalter mit einzubauen, so daß beim Drehen des gemeinsamen Schaltergriffs erst die Ständerwicklung und dann in der oben geschilderten Weise die Läuferwicklung angeschlossen wird.

Bild 27. Anlasser mit Luftkühlung.

*Kühlung der Anlasser.* Die Anlasser werden für Luftkühlung oder Ölkühlung gebaut (Bild 28). Anlasser mit Luftkühlung kommen hauptsächlich in trockenen und staubfreien Räumen zur Verwendung. Hierbei ist zu beachten, daß die zur Abkühlung erforderliche Luft an den Widerständen gut vorbeistreifen kann. Mit den Luftanlassern kann in der Stunde etwa sechsmal angelassen werden. Beim Anlasser mit Ölkühlung befinden sich die Widerstände unter Öl. Zur Füllung darf nur reines, den Richtlinien des V. D. E. entsprechendes Schalteröl verwendet werden. Da das Öl eine längere Zeit zum Abkühlen benötigt, so sind die Anlasser mit Ölkühlung nur für selteneres Anlassen bestimmt. Die Anlaßhäufigkeit ist hierbei von der Anlaßzeit abhängig. Bei einer Anlaßzeit von 5 s ist in der Stunde etwa viermaliges, bei 10 s zweimaliges, bei 15 s einmaliges Anlassen zulässig. In Betrieben, in denen ein sehr häufiges Anlassen der Motoren notwendig ist, kommen Anlaßwalzen oder Walzenschalter mit den dazugehörigen Widerständen in Frage.

Bild 28. Anlasser mit Ölkühlung.

Sollen die Ölanlasser in feuergefährlichen, feuchten oder mit Gas gefüllten Räumen verwendet werden, so ist die staub- und gasdichte Ausführung erforderlich, wobei die Widerstände unter Öl, die Kontakte über Öl liegen. Soll der Anlasser schlagwettergeschützt sein, so werden auch die Kontakte unter Öl gesetzt.

Für solche Betriebe, in denen Motoren häufiger ein- und ausgeschaltet werden, eignen sich besonders Anlaßwalzen, wie sie z. B. in Ausführung mit Ölkühlung von den Siemens-Schuckertwerken in Motorwagen eingebaut werden. Sie gestatten mit den getrennt aufzustellenden Widerständen sechsmaliges Anlassen in der Stunde bei 30 Sekunden Anlaßdauer oder zwanzigmaliges Anlassen bei 10 Sekunden Anlaßdauer und Volllastanlauf.

Eine besondere Ausführungsform zeigen die Anlaßwalzen, welche zum unmittelbaren Zusammenbau mit den Motoren bestimmt sind (Bild 29). Die bisher beschriebenen Anlaßvorrichtungen tragen lediglich den Forderungen Rechnung, die an ein störungsfreies Einschalten gestellt werden müssen. Es muß aber außerdem Rücksicht auf den Schutz der Motorwicklungen genommen werden in den Fällen, wo ihre Beschädigung durch Überlastung zu befürchten ist. Sie kann eintreten:

1. wenn z. B. ein Dreschmotor durch schlechtes Einlegen oder durch sonstige Hemmungen im Getriebe der Dreschmaschine so stark belastet wird, daß die Erwärmung der Wicklungsdrähte die zulässige Grenze übersteigt,

Bild 29. Anlaßwalze im unmittelbaren Zusammenbau mit dem Motor.

2. wenn Kurzschluß oder starker Erdschluß eintritt. Kurzschluß entsteht, wenn zwei Leiter verschiedener Polarität oder, wie der Elektrotechniker beim Drehstrom sagt, zwei Phasen unmittelbar, also ohne dazwischen liegenden Widerstand, miteinander in leitende Verbindung kommen. Erdschluß entsteht, wenn eine Phase oder ein Pol mit der Erde, z. B. einer eisernen Rohrleitung, einem Eisenträger usw., unmittelbar in leitende Verbindung kommt,

3. wenn im Leitungsnetz eine Stromunterbrechung stattfindet und der Motor vor Wiederzutritt des Stromes nicht ausgeschaltet worden ist. Bei eingeschaltetem Anlasser verursacht die ungehemmte Stromzuführung in der Motorwicklung ebenfalls eine Erwärmung, die ein Durchbrennen zur Folge haben kann,

4. wenn die Spannung in einer Phase während des Betriebs ausbleibt. Dann läuft der Motor, ohne daß man die Unterbrechung dieser Phase merkt, als Asynchron-Einphasenmotor weiter, nimmt infolgedessen einen zu hohen Strom auf und brennt nach kurzer Zeit durch.

Die Schutzeinrichtungen, die zum Vermeiden von Störungen aus den angegebenen Gründen erforderlich sind, werden in der Regel mit den Anlassern vereinigt, so daß sie zusammen ein Ganzes bilden.

Als einfachstes Mittel zum selbsttätigen Ausschalten gefährdeter Leitungstrecken und Motorwicklungen sind die auf Seite 101 beschriebenen

Schmelzsicherungen zu bezeichnen. Sie werden entweder besonders angebracht oder in die Anlasser eingebaut. Ihre alleinige Verwendung als Motorschutz ist beschränkt, weil sie für nur eine Abschmelzstromstärke einstellbar sind, während, worauf früher bereits hingewiesen wurde, die Anlaßstromstärke i. a. — besonders bei Kurzschlußmotoren — ein Vielfaches der normalen Betriebstromstärke beträgt. Deshalb sind sie nur bei kleineren Motoren mit kurzer Anlaßzeit zu benutzen, da sie sonst den Strom ausschalten, bevor die Betriebstromstärke erreicht, also der Motor in Gang gekommen ist.

Die anderen Sicherheitsvorrichtungen, die im engeren Sinne als selbsttätige Ausschalter bezeichnet werden, bestehen im wesentlichen aus dem eigentlichen, durch Federkraft betätigten Hebelschalter und dem Auslöser, der die Wirksamkeit des elektrischen Stromes zum Aufheben der Federkraft vermittelt.

Bild 30. Elmo-Sicherheitschalter.

Der Elmo-Sicherheitschalter (Bild 30) dient in erster Linie dem Schutze von Drehstrommotoren mit Kurzschlußläufer und schaltet sie selbsttätig bei allen Überlastungen aus, die durch die unter 1.—4. aufgeführten Ursachen entstehen können.

Durch seine Freiauslösung gewährleistet er ein Abschalten auch bei festgehaltenem Bedienungshebel und verhindert ein Wiederanfahren, solange die Störung besteht. Er verhindert also auch beim Ausbleiben der Spannung ein unbeabsichtigtes Wiederanlaufen und schützt somit das Bedienungspersonal der angetriebenen Maschine gegen Verletzungen.

Der Elmo-Sicherheitschalter leistet einen viel weitergehenden und besseren Schutz als man durch Verwendung der üblichen Abschmelzsicherungen erreichen würde.

Die Schwierigkeit, die durch den hohen Anlaufstrom entsteht, wird bei dem Elmo-Sicherheitschalter durch ein Hitzdrahtrelais überwunden, welches so eingerichtet ist, daß es den hohen, jedoch nur kurze Zeit dauernden Anlaufstrom zuläßt, während es geringere, aber langandauernde und deshalb schon gefährliche Überlastungströme z. B. beim Ausbleiben einer Phase mit Sicherheit abschaltet.

Kurz zusammengefaßt ergibt sich folgende Wirkungsweise des Sicherheitschalters:

1. Er unterbricht die Zuleitungen zum Motor, wenn der normale Betriebstrom längere Zeit überschritten wird, während der kurzen Zeit des Anlaufens aber nicht.

2. Er unterbricht die Zuleitungen zum Motor, wenn die Spannung in einer Phase während des Betriebs ausbleibt.
3. Er unterbricht die Zuleitungen zum Motor, wenn die Spannung bis auf die Hälfte sinkt oder ganz ausbleibt.
4. Er ist mit Freilaufkupplung ausgerüstet, die verhindert, den Schalter geschlossen zu halten, solange eine Störung noch besteht.

Der Elmo-Sicherheitschalter besteht aus zwei träge wirkenden, einstellbaren Hitzdrahtrelais als Auslöser und einem dreipoligen Selbst-

Bild 31.
Spannungsrückgangschalter.

Bild 32.
Spannungsrückgang- und Überstromschalter.

ausschalter mit Momentschaltung (Kippschalter). Wenn sich die Hitzdrähte infolge Stromüberlastung ausdehnen, schließen sich nach einer bestimmten Zeit die Kontakte, wodurch die Haltespule kurz geschlossen wird. Dadurch verliert sie ihren Magnetismus und läßt den Kern fallen, der auf eine Freilaufkupplung wirkt, so daß der dreipolige Selbstausschalter öffnet.

Auf Wunsch werden die Sicherheitschalter mit einem Hilfskontakt versehen, durch den eine das Ausschalten anzeigende Signalvorrichtung betätigt wird. Man kann also an einem von der Anlage entfernt liegendem Orte z. B. an dem Br nnen einer Lampe erkennen, wenn in der Anlage etwas nicht in Ordnung ist.

Alle Teile sind auf einer gemeinsamen Platte zusammengebaut und mit einer Schutzkappe versehen.

Der Elmo-Sicherheitschalter wird in drei Ausführungen geliefert:

Normal mit Blechschutzkappe
Spritzwasserdicht in Blechgehäuse
Wasserdicht gekapselt in gußeisernem Gehäuse.

Die normale Ausführungsart kommt in Frage für trockene Betriebe. Die spritzwasserdichte Ausführung ist für staubhaltige und mäßig feuchte Betriebe geeignet z. B. für trockene aber staubhaltige Räume in landwirtschaftlichen Betrieben, für Tischlereien, Sägereien usw. Die wasserdicht gekapselte Ausführung kommt in Betracht für rauhe und schwere Betriebe mit ätzenden Dämpfen.

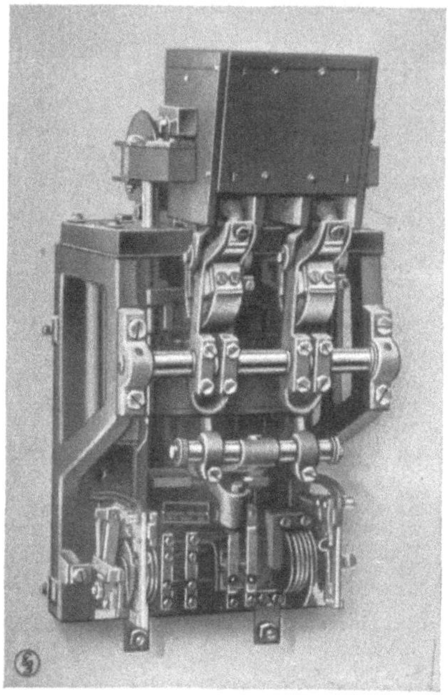

Bild 33. Schütz.

Der Spannungsrückgangschalter (Bild 31) unterscheidet sich von dem Sicherheitschalter dadurch, daß die magnetische Anziehung oder Festhaltung in dem Auslöser unmittelbar zur Wirkung kommt, arbeitet aber sonst in ähnlicher Weise wie jener. Wenn man seinen Aufgabenbereich auf den Schutz gegen Überstrom ausdehnen will, dann fügt man zu dem Schalter noch einen Überstromauslöser hinzu und erhält dann den Überstrom- und Spannungsrückgangschalter (Bild 32).

Der Hebelschalter ist zum Zwecke des Einschaltens mit einem Handgriff versehen und mit den sonstigen Teilen auf einer gemeinsamen Grundplatte befestigt sowie durch eine Schutzkappe nach außen abgeschlossen.

Eine Ausführungsform dieser Schalterart, die sich besonders für die ortsveränderlichen Elektromotoren der Landwirtschaft eignet, trägt die Bezeichnung „Schütz" (Bild 33). Diese Schütze haben keinen Handgriff zum Wiedereinschalten, sondern werden elektrisch mit den Motoranlassern bzw. Anlaßwalzen durch einen Sicherheitskontakt so verbunden, daß sie selbsttätig wieder eingeschaltet werden, wenn der Anlasser angekurbelt wird. Man kann aber außerdem die Schütze durch Druckknöpfe oder Fußkontakte von der angetriebenen Arbeitsmaschine aus zum plötzlichen Ausschalten des Motors benutzen, falls irgendeine Gefahr droht.

### d) Aufstellungsart der Elektromotoren.

Nach der Art der Motorenaufstellung unterscheidet man folgende Anordnungen:

1. Feste Aufstellung, wobei der Elektromotor eine einzelne Arbeitsmaschine oder eine Gruppe mehrerer solcher Maschinen mittels Riemen und, falls erforderlich, durch Vorgelege antreibt. Diese Anordnung empfiehlt sich überall da, wo sich der Arbeitsvorgang in kürzeren Zwischenräumen regelmäßig wiederholt und die betreffende Arbeitsmaschine ebenfalls fest aufgestellt ist und wo, wie z. B. bei vielen Wasserförderanlagen, die Motoren selbsttätig ein- und ausgeschaltet werden.
2. Unmittelbarer Zusammenbau mit der Arbeitsmaschine. Diese Anordnung empfiehlt sich für solche Fälle, wo die Arbeitsmaschine ortsveränderlich sein muß und wo beschränkte Raumverhältnisse eine gedrungene Maschinenaufstellung erfordern. Der Zusammenbau hat den Vorzug, daß die Übertragungsverluste gering sind und die Bedienung vereinfacht wird.
3. Ortsveränderliche Motoren, geeignet für die in der Landwirtschaft sehr oft vorkommenden Fälle, wo verschiedene über das Gut verteilte Arbeitsmaschinen nicht gleichzeitig, sondern nacheinander und nur kurze Zeit im Betriebe zu sein brauchen, so daß die Beschaffung eines besonderen Motors für jede Arbeitsmaschine unwirtschaftlich teuer sein würde.

Bild 34. Kurzschlußmotor mit angebautem Zahnradvorgelege.

Die unter 1. erwähnten Anordnungen geben zu besonderen Erörterungen keinen Anlaß, weil sie aus Industrie und Gewerbe hinreichend bekannt sind. Die Motoren werden wie dort vielfach auf eisernen Gleitschienen aufgestellt, damit durch Verschieben des Motors das etwa erforderlich werdende Nachspannen des Riemens ermöglicht wird. In denjenigen Fällen, wo es erwünscht ist, die antreibende Riemenscheibe langsamer laufen zu lassen, als es bei Elektromotoren üblich ist (750—1500 Umdr/min), empfiehlt es sich, diese mit Zahnradvorgelege zusammenzubauen (Bild 34).

### 2. *Kupplung des Elektromotors mit der Arbeitsmaschine.*

Der unter 2. aufgeführte unmittelbare Zusammenbau von Arbeits- und Kraftmaschine in der Weise, daß diese beiden Maschinenarten zusammen

Bild 35. Wandlüfter mit Motor.

Bild 36. Wandlüfter mit Klappenverschluß.

ein einheitliches Ganze bilden, ist überhaupt erst durch den Elektromotor möglich geworden, zumal in den Fällen, wo es sich um geringe Kraftleistungen handelt. Wenn auch die Entwicklung derartiger Maschinenanordnungen vorzugsweise in der Industrie und in der Werkstatt vor sich gegangen ist, so kann doch auch in der Landwirtschaft und insbesondere in den landwirtschaftlichen Nebenbetrieben mit Vorteil diese Maschinenart verwendet werden. Hier kommen in erster Linie die Vorrichtungen zum Befördern von Luft und von Flüssigkeiten in Betracht, weil deren arbeitender Teil in den meisten Fällen eine so hohe Drehzahl hat, daß seine unmittelbare Kupplung mit der Welle des Motors das Gegebene ist. Hierher gehören z. B. die Lüfter aller Art (Ventilatoren, Exhaustoren u.a.m.) (Bild 35), die besonders als Wandlüfter die Aufgabe haben, in Betriebs- und Wohnräumen die verbrauchte Luft durch neue zu ersetzen, Staub, Dampf und Gase zu beseitigen und Trocknungsvorgänge zu fördern. Je nach den besonderen Verhältnissen werden hierfür offene oder geschlossene Motoren verwendet, Klappen- oder Irisverschlüsse (Bild 36 u. 37)

Bild 37. Wandlüfter mit Iris-Verschluß.

angebracht. Wird für besondere Zwecke ein höherer Luftdruck benötigt, dann tritt an Stelle des Lüfters das Gebläse (Bild 38), das für landwirtschaftliche Zwecke u. a. zum Befördern von Körnerfrüchten, von Spreu, Häcksel, gehäckseltem Grünfutter u. a. m., dient. Eine sehr zweckmäßige Anwendungsform zeigt das elektrische Schmiedefeuergebläse (Bild 39), das den Platz beanspruchenden Blasebalg und die zu seiner Bedienung erforderliche menschliche Muskelkraft entbehrlich macht und deshalb in immer steigendem Maße Anwendung findet. — Ebenso erfreut sich im Hauswesen der Staubsauger zunehmender Beliebtheit, weil er in seinen verschiedenen Ausführungsformen mit Erfolg die Aufgabe löst, den Staub wirklich zu beseitigen, während dieser beim Kehren und Aufwischen in der Regel nur aufgewirbelt wird. Der von den Siemens-Schuckertwerken gebaute Protos-Staubsauger (Bild 40) ist als Kesselapparat ausgebildet, so daß beim Saugen nur die Saugstange bewegt zu werden braucht. Der Motor ist für Gleich- und Wechselstrom verwendbar und seine Stromaufnahme beträgt nur etwa 150 W. Die Saugkraft ist so kräftig, daß jeder Schmutz auch ohne Bürsten abgesaugt wird, andererseits ist sie auch richtig abgestimmt, so daß die Gewebe und Felle nicht angegriffen werden. Als Ansatzstück zu dem Protos-Staubsauger eignet sich der Protos-Insektenvertilger (Bild 41) zur Beseitigung aller Insekten in Küche, Keller, Stallungen usw. In dem Fangbeutel, der sich im Ansatzstück befindet, werden die Insekten abgefangen und kommen mit dem Ventilator nicht in Berührung. Nach Beendigung des Aufsaugens wird der Eingang des Fangbeutels durch eine Zugschnur abgeschlossen und der ganze Fangbeutel in kochendes Wasser getaucht, um die Insekten zu töten. Bild 42 zeigt, in welcher

Bild 38. Gebläse.

Bild 39. Schmiedeherd mit Motorgebläse (Schutzkappe abgenommen).

Bild 40. Protos-Staubsauger.

Weise sich z. B. der Protos-Staubsauger zum Putzen des Felles von Pferden mittels Striegel und Bürste verwenden läßt. Diese Art der Benützung ist natürlich nicht auf das Pferd beschränkt, sondern kann auch auf Hunde, Ferkel (zum Beseitigen der Ferkellaus) und auf andere Tiere ausgedehnt werden. Erwähnt sei noch der Protos-Bohner, mit dem jede Hausfrau ihre Fußböden selbst reinigen, polieren und scheuern kann. Der abgebürstete Schmutz lagert sich in einer Fangschale. Endlich ist hier noch die Elmo-Vakuum-Pumpe (Bild 43) zu nennen, die u. a. zur Herstellung von Druck und verdünnter Luft in Anlagen zum maschinellen Melken der Kühe vorteilhaft verwendbar ist. Durch Pumpen bzw. Elektromotoren betriebene Wasserversorgungs- und Beregnungsanlagen sowie Jauchepumpen sind in Abschnitt VI B, Seite 126 und folgende näher behandelt.

Nicht allein Pumpen, sondern auch andere Arbeitsmaschinen eignen sich zum unmittelbaren Kuppeln mit Elektromotoren. Besonders sind es die Werkzeuge und Werkzeugmaschinen zur Bearbeitung von Holz und Metall, die hier in Betracht kommen und die, auch in landwirtschaftlichen Nebenbetrieben, z. B. in der Schmiede, beim Stellmacher, beim Schlosser u. a. m., angewendet werden können. Am naheliegendsten für Arbeiten im Freien und in der Werkstatt war der elektrische Antrieb von Bohrern aller Art. Aus den hierfür geschaffenen leicht beweglichen und gegen Beschädigungen unempfindlichen Konstruktionen, von denen besonders die Elmo-Handbohrmaschine (Bild 44) erwähnt sei, entwickelten sich vorzugsweise zum Holzbearbeiten ähnliche

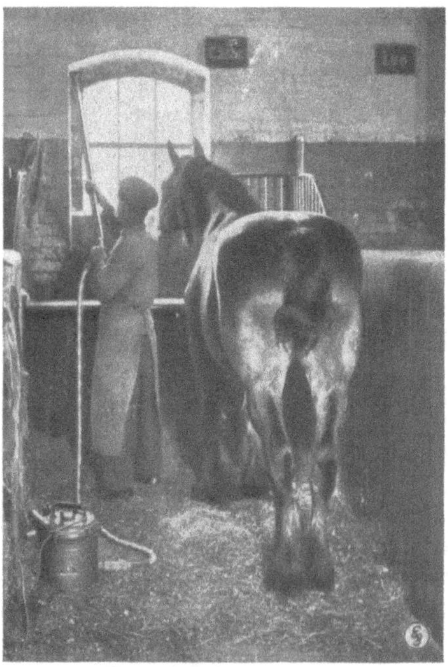

Bild 41. Protos-Insektenvertilger.

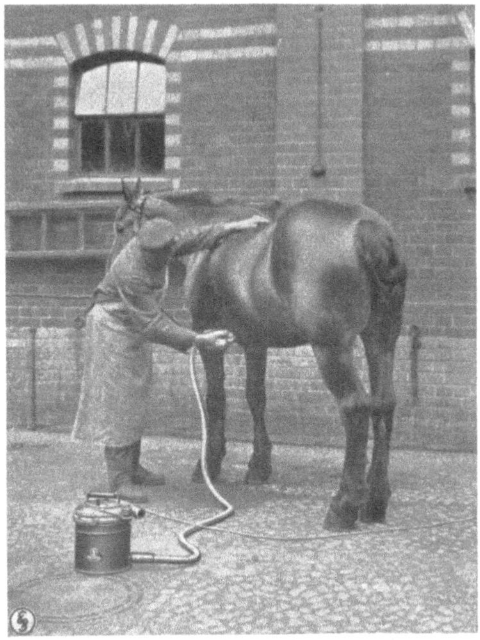

Bild 42. Benutzung des Protos-Staubsaugers zum Pferdeputzen.

Geräte, z. B. die Elmo-Grat-, -Trenn- und -Kreissäge (Bild 45). Die letztere ist so eingerichtet, daß sie als Tischkreissäge, Tischfräse, Langlochbohrmaschine, Handbohrmaschine und als Antriebsmaschine für Hobelmaschinen bis zu 250 mm Schnittbreite benutzt werden kann. Der kleinere Landwirt kann also auch, sofern er einiges Geschick für derartige Arbeiten hat, jedenfalls aber der landwirtschaftliche Handwerker mit einer solchen elektrischen Werkzeugmaschine über eine außerordentlich wertvolle Hilfe für seine Tätigkeit verfügen. Sie kann in hohem Maße jene Bestrebungen unterstützen, die darauf hinzielen, dem Landwirt im Winter, wo er ans Haus gefesselt ist, die Möglichkeit zur Ausnutzung seiner Zeit für andere als rein landwirtschaftliche Arbeiten zu geben. Aus diesem Grunde kann gerade dem kleinen Landwirt nicht dringend genug empfohlen werden, sich mit den hier angedeuteten technischen und wirtschaftlichen Fragen zu beschäftigen. So wie in der Werkstatt des Landwirtes lassen sich kleine Elektromotoren auch in dem Bereiche der Hausfrau, in der Küche, mit Nutzen verwenden, zumal dort, wo regelmäßig größere Speisemengen vorzubereiten und herzustellen sind. Bild 46 zeigt einen solchen Protos-Küchen-

Bild 43. Elmo-Vakuumpumpe.

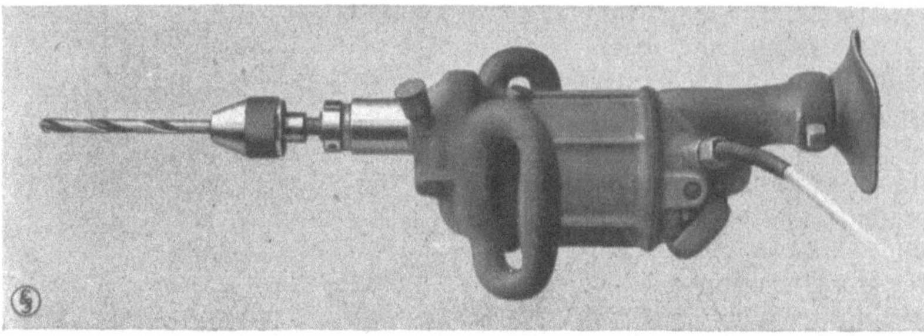

Bild 44. Elmo-Handbohrmaschine.

Elektromotor, auf den man wahlweise die verschiedenen Küchen-Arbeitsmaschinen, wie z. B. Fleisch- und Gemüse- Hackmaschine, Kaffeemühle, Frucht- und Saftpresse u. a. m. aufstecken kann.

### *3. Ortsveränderliche Motoren.*

Die ortsveränderlichen Motoren verdanken ihre Entstehung und Durchbildung vorzugsweise den besonderen Betriebsverhältnissen der Landwirtschaft. Deshalb soll diese Gruppe der Motorenanordnungen hier ausführlicher beschrieben werden.

Nach der Leistung und dem davon abhängigen Gewichte desjenigen Elektromotors, den man der Reihe nach zum Antrieb mehrerer an verschiedenen Orten fest aufgestellter oder ebenfalls ortsveränderlicher Arbeitsmaschinen verwenden will, richtet sich die Art der seiner Aufstellung und Fortbewegung dienenden Einrichtungen.

Die größten in Betracht kommenden Motoren mit Leistungen zwischen 7,5 kW und 40 kW bzw. zwischen 10 und 54,4 PS setzt man mit den unmittelbar dazu gehörigen Apparaten auf vierrädrige Wagen und bezeichnet diese fahrbaren Einrichtungen kurz als

#### *Motorwagen.*

Während man anfänglich die hierfür erforderlichen Wagengestelle von dem ersten besten Stellmacher in einfachster Art ausführen ließ und die elektrischen Einrichtungen in ähnlicher Weise anordnete und einbaute, wie man das von den ortsfesten Motoranlagen her gewohnt war, erkannte man sehr bald die Notwendigkeit, auch hierfür einheitliche Formen zu schaffen, die den besonderen Erfordernissen der Ortsveränderlichkeit, dem schnellen und sicheren Fest-

Bild 45. Elmo-Grat-, Trenn- und Kreissäge.

stellen an den verschiedenen Arbeitstellen, dem Schutze gegen äußere Beschädigungen und der leichten und betriebsicheren Bedienung durch landwirtschaftliche Arbeitskräfte in vollem Umfang Rechnung tragen. Im Laufe der Zeit haben sich durch die gesammelten Betriebserfahrungen annähernd ähnliche Ausführungsformen entwickelt, von denen eine besonders bewährte und von den Siemens-Schuckertwerken herstammende hier näher beschrieben werden soll (Bild 47).

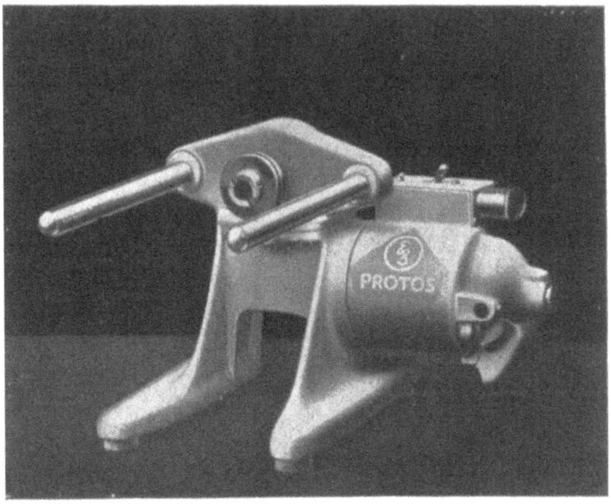


**Bild 46. Protos-Küchen-Elektromotor.**

Der zur Unterbringung des Elektromotors nebst Zubehörteilen dienende Wagenkasten besteht aus einem Rahmengestell, dessen einzelne Teile aus Hartholz angefertigt und miteinander verzapft und verschraubt werden. Die Holme des Wagens sind außerdem durch Flacheisenwinkel miteinander verbunden, so daß ein Verwinden des Wagens auch beim Fahren auf schlechten Wegen nicht auftreten kann. Die Bretterverkleidungen und Türen sind gespundet und auf beiden Seiten gehobelt. Das Dach ist mit geteerter Dachpappe abgedeckt und mit Zinkblech eingefaßt. Das Wageninnere ist in zwei nach außen durch Türen zugängliche Räume unterteilt, von denen der hintere für das Unterbringen des Motors mit Ölanlaßwalze und gegebenenfalls eines Schützes dient, während in dem vorderen Raum die Sicherungen, der Stromzeiger und die biegsame Anschlußleitung mit ihrem Stecker untergebracht werden, letztere entweder auf einem Kabelsattel oder einer Kabeltrommel mit Schleifringen (Bild 48). Es empfiehlt sich nicht, die Achse der Kabeltrommel, wie es oft geschieht, außen mit einer Handkurbel zu versehen. Durch das Weglassen dieser

**Bild 47. Motorwagen, Gesamtansicht.**

Bild 48. Motorwagen, Kabeltrommel mit Schleifringen.

Kurbel wird es dem Bedienungsmann leichter gemacht, die einzelnen Kabelwindungen glatt und dicht nebeneinander auf die Trommel aufzubringen. Öffnungen unter dem überspringenden Dache, die mit Drahtgaze abgeschlossen sind, und Schlitze zwischen den Bohlen des Fußbodenbelages sorgen für die erforderliche Lüftung und Abkühlung (Bild 49).

Unter dem Wagenkasten befinden sich die Wagenachsen; die vordere ist am Drehgestell, die hintere an den beiden Längsholmen durch schmiedeeiserne Träger befestigt. Das Drehgestell besteht aus Hartholz, ist fast vollständig einschlagbar und hat einen Gleitring von 600 mm Dmr., so daß ein Kippen des Wagens beim Umwenden vermieden wird.

Die Vorder- und Hinterräder haben gleiche Abmessungen, werden aus Hartholz hergestellt und sind mit Eisenreifen und Achsbuchsen ausgerüstet. Die Wagendeichsel kann in senkrechter Lage festgestellt und als Lampenträger für die Beleuchtung des Arbeitsplatzes benutzt werden. Besonderer Wert ist auf eine sicher wirkende Feststellvorrichtung beim Arbeiten und auf deren Unterbringung beim Fahren gelegt.

Die Aufstellung des Motors geschieht, um die Lenkbarkeit des Wagens günstig zu beeinflussen, über der Hinterachse auf Winkeleisen, die mit

Bild 49. Motorwagen, Dreschmaschine antreibend.

Bild 50. Motorkarre.

den Seitenholmen derart verschraubt sind, daß jede Durchbiegung des Rahmens verhindert wird.

Die Wandöffnung zur Durchführung der Motorachse, auf deren freiem Ende außerhalb des Wagenkastens die Riemenscheibe sitzt, ist groß genug, um das Lager dieser Motorseite bequem von außen bedienen zu können. Eine schmiedeeiserne Verschlußvorrichtung schließt diese Öffnung während des Betriebs. Die Achse der Ölanlaßwalze mit dreipoligem Ständerschalter wird durch die gegenüberliegende Wagenwand ins Freie geführt, wo das Handrad aufgesetzt wird.

Auf besonderen Wunsch können die Wagen noch ausgerüstet werden mit kräftiger Hinterradbremse, Spannungsrückgangschütz mit Überstromauslöser, Stromzeiger, Innen- und Außenbeleuchtung und Zähler.

Kleinere ortsveränderliche Motoren mit Leistungen von 2,1—10 kW bzw. 3,6—13,6 PS Leistung zum Gebrauche in der Landwirtschaft werden auf zweirädrigen Karren oder Schleifen untergebracht.

Die *Motorkarren* bestehen im wesentlichen aus einem in sich geschlossenen U-Eisenrahmen, auf dem starke hölzerne Bohlen als Unterlage für den Motor und der walzenförmige Anlaßschalter (Klein-Anlaßwalze) befestigt sind (Bild 50). Beim Fahren ruht der Rahmen auf zwei kräf-

Bild 51. Motorschleife.

tigen Rädern aus Hartholz mit Eisenbändern und Achsbuchsen, beim Stehen außerdem auf einer an seiner Stirnseite angebrachten Stütze. Die Hartholzdeichsel liegt in einem Deichselschuh, und die zum Festhalten der Karre dienenden keilförmigen Klötze sind während der Fahrt unterhalb der Anlasserplattform an diese angeschraubt. Der offene Motor mit 1000 oder 1500 Umdrehungen sowie das Zubehör (Anlaßwalze und Patronensicherungen) werden durch eine leicht abnehmbare kräftige hölzerne Schutzhaube mit schrägem Dach überdeckt. Eine verriegelbare Klappe ermöglicht die bequeme Bedienung des Anlaßschalters, eine andere Klappe die Beobachtung des Motors während

Bild 52. Motorschleife mit Zahnradvorgelege.

des Betriebes. An der hinteren Wand der Schutzhaube befindet sich außen der zur Aufnahme der biegsamen Anschlußleitung dienende Kabelsattel. Die Belüftung des Motorraumes erfolgt einerseits durch Schlitze im Bodenbelag und andererseits durch Öffnungen unter dem Schutzhaubendache, die durch eiserne haubenförmige Handhaben überdeckt werden. Die Motorriemenscheibe befindet sich an einer Längsseite der Schutzhaube im Freien.

*Die Motorschleife*

unterscheidet sich von der Motorkarre dadurch, daß als Unterlage für Motor und Anlaßschalter an Stelle des U-Eisenrahmens mit den Rädern eine aus zwei Holzkufen mit Eisenbeschlag und hölzernen Querversteifungen bestehende Schleife (Schlitten) tritt (Bild 51). Zwei dazugehörige Ketten können entweder zum Ziehen oder zum Festhalten der Schleife mittels zweier Erdanker dienen. Im übrigen gleicht die Anordnung von Motoranlasser und Sicherungen, ebenso diejenige der Schutzhaube, der beim

Bild 53. Motortrage.

Motorkarren beschriebenen. Sie weicht etwas ab bei denjenigen Motorschleifen, die zum Antrieb langsam laufender Arbeitsmaschinen bestimmt sind und deshalb mit einem angebauten Zahnradvorgelege ausgestattet werden, das die Motordrehzahl im Verhältnis von 1: 6 herabsetzt (Bild 52). Das Anwendungsgebiet dieser Schleife mit Zahnradvorgelege wird erweitert, wenn man nicht nur die Vorgelegewelle, sondern auch die Motorwelle mit je einer Riemenscheibe versieht, welch letztere freilich nur mit 50% der normalen Last beansprucht werden darf.

Einer großen Beliebtheit, besonders in kleinen Wirtschaften, erfreut sich die

*Motortrage,*

die ebenso wie die Motorschleife mit und ohne Zahnradvorgelege geliefert wird. Hier dient zur Aufnahme des Motors mit aufgebautem Anlasser

Bild 54. Motortrage mit Zahnradvorgelege

Bild 55. Anschluß einer Motorkarre an die fest verlegte Leitung mittels biegsamer Leitung, Stecker und Steckdose.

und angebautem Kabelsattel und des etwa seitlich angebrachten Zahnradvorgeleges ein kräftiges schmiedeeisernes Gestell mit spitzen Füßen, das mit abnehmbaren Tragholmen aus patentgeschweißtem Eisenrohr versehen ist (Bild 53). Für die Trage mit Zahnradvorgelege (Bild 54) empfiehlt sich ebenfalls die Anbringung von Riemenscheiben sowohl auf der Motor- als auch auf der Vorgelegewelle und außerdem von Schnurrollen, die für schwächere Leistungen gewisse Vorteile bieten. Für die Tragen werden Drehstrommotoren in vollständig gekapselter Ausführung geliefert, deren Leistungen zwischen 0,37 und 2,7 kW bzw. 0,5 und 3,7 PS liegen und deren Drehzahl 1000 oder 1500 beträgt.

Bild 56. Freileitungsklemme.

Die vorstehend beschriebenen ortsveränderlichen Motoren geben die von ihnen erzeugte mechanische Kraft mittels Riemen und Riemenscheibe bzw. Schnur und Schnurrolle an die anzutreibende Arbeitsmaschine ab. Ebenso ist ihnen gemeinsam, daß sie durch eine biegsame Leitung (vgl. S. 99) an die festverlegte Niederspannungsleitung angeschlossen werden, indem ein an ihrem freien Ende angebrachter Stecker in eine an der Wand oder dem Leitungsmast befestigte Anschlußdose eingesteckt wird, die auf S. 107 näher beschrieben ist (Bild 55).

Eine andere zweckmäßige Verbindung zwischen ortsveränderlichem Motor und Leitung stellt die

*Freileitungsklemme*

dar, die überall dort verwendet werden kann

wo der Motor an eine blanke Freileitung angeschlossen werden soll (Bild 56). Sie macht für Anschlüsse im Freien die Anbringung von festen Anschlußdosen und deren ebenfalls festverlegten Zuleitungen entbehrlich und gewährt dem betreffenden Motor eine größere Beweglichkeit im Gebiet der dafür in Betracht kommenden Freileitungen (Bild 57). Mit einer Schaltstange werden die an den Adern der biegsamen Anschlußleitung des Motors befestigten Klemmen auf die Freileitung gehängt oder von ihr abgehoben. Das Gewicht der frei herabhängenden Anschlußleitung bewirkt durch die scherenartige Durchbildung dieser Klemme eine innige leitende Verbindung zwischen ihr und den blanken Drähten der Freileitung.

Die ortsveränderlichen Drehstrommotoren werden allgemein mit 1000 oder 1500 Umdr/min und für die normalen Spannungen 120, 210, 380 und 500 V gebaut. Für Gleichstrommotoren der hier in Betracht kommenden Größen sind Drehzahlen zwischen 750 und 1500 und Spannungen von 110, 220, 440 und 500 V üblich. Bei Verwendung dieser Spannungen, die im Sinne dieser Erörterungen als Niederspannung bezeichnet werden können, ist man bezüglich der Entfernung zwischen Erzeugungs- und Verwendungsort des elektrischen Stromes an gewisse Grenzen gebunden, über die hinaus die Leitungskosten oder die Stromverluste unwirtschaftlich hoch werden. Außer von der Leitungslänge werden diese Kosten beeinflußt von dem Querschnitt und dem Material der Leitung. Der Querschnitt wiederum ist abhängig von der Stromstärke der zu übertragenden Strommenge und von dem zulässigen Spannungsabfall. Da aber die elektrische Leistung, ausgedrückt in W (Watt) oder VA (Voltampere), dem Produkt aus Spannung V (Volt) und Stromstärke A (Ampere) proportional ist, so leuchtet ein, daß für eine

Bild 57. Verbindung zwischen Motorkarre und Freileitung mittels biegsamer Leitung und Freileitungsklemme.

bestimmte Leistung (Watt) der Leitungsquerschnitt um so geringer sein kann, je niedriger die Stromstärke und je höher infolgedessen die Spannung ist. Nun hat der Wechselstrom und damit auch seine für den elektrischen Kraftbetrieb am meisten verwendete besondere Art, der Drehstrom, die schätzenswerte Eigenschaft, daß sich seine Spannung mittels der unter dem Namen „Transformator“ bekannten Einrichtungen, die mangels beweglicher Teile keinerlei Wartung bedürfen, erhöhen oder ermäßigen läßt (vgl. S. 8).

Bild 58. Transformatorwagen an Freileitung angeschlossen.

Bei großen Gütern, die den elektrischen Strom auch entfernt von dem auf dem Gutshof fest aufgestellten Transformator verwenden wollen, z. B. zum Dreschen bei den Mieten auf dem Felde, zur Bodenbearbeitung, zum Herausholen schwer beladener Wagen aus dem aufgeweichten Acker usw., kann der obenerwähnte Fall eintreten, daß die Kosten der Niederspannungsleitungen nach diesen entfernten Punkten zu hoch werden würden, auch im Hinblick darauf, daß sie nur verhältnismäßig selten und auf kurze Zeit benutzt werden. In solchen Fällen bedient man sich fahrbarer Transformatorenstationen, sogenannter

*Transformatorwagen.*

Sie werden in der Weise ausgeführt, daß ein Transformator mit Ölisolierung nebst den für den Betrieb notwendigen Schalt- und Sicherheitsapparaten in einen vollständig abgeschlossenen Wagen gestellt wird (Bild 58). Bei der Ausführung der Siemens-Schuckertwerke sind die Räder aus Holz hergestellt und mit verschraubten Flanschnaben versehen. Die Vorderräder haben 300 mm Dmr. und 120 mm Breite, die Hinterräder 1200 mm Dmr. und 150 mm Breite. Der große Durchmesser der Hinterräder, der durch Kröpfen ihrer Achse möglich gemacht ist, hat den Zweck, daß der Wagen auch auf schlechten Wegen, auf dem Felde usw. leicht fährt. Die Vorder- und Hinterachsen sind durch besonders leichte Federn aus bestem Material mit dem Gestellrahmen verbunden, so daß der Transformator gegen Erschütterungen beim Fahren geschützt ist.

Das Innere des Transformatorwagens ist durch eine Querwand in einen Hochspannungs- und einen Niederspannungsraum geteilt, die beide durch verschließbare Türen zugänglich sind. Im Hochspannungsraum wird der

Transformator mit den dazugehörigen Schutzapparaten untergebracht. Sein Eisenkern mit den Wicklungen steht in einem allseitig geschlossenen, mit Öl gefüllten Kessel. Der Transformator ist so durchgebildet, daß er den Beanspruchungen, denen der Wagen in dem rauhen landwirtschaftlichen Betrieb ausgesetzt ist, standhält. Als Schutzapparate auf der Hochspannungseite können je nach den Bestimmungen des betreffenden Überlandwerks entweder Sicherungen dienen oder Ölschalter, die bei bestimmter Überlastung in Tätigkeit treten und den Strom selbsttätig abschalten. Bei Spannungen über 5000 V werden im Hochspannungsraum noch Schutzdrosselspulen untergebracht. Sie haben den Zweck, zu verhindern, daß der Transformator durch Überspannungen in der Leitung gefährdet wird.

Der Niederspannungsraum enthält die Schmelzsicherungen für den niedrig gespannten Strom, den Wattstundenzähler und die Anschlußdose für das Kabel. Falls der Transformatorwagen für zwei verschiedene Niederspannungen eingerichtet ist, wenn er z. B. sowohl zum Pflügen als auch zum Dreschen verwendet werden soll, so sind die erwähnten Apparate doppelt vorhanden.

Der Anschluß der Hochspannungseite des Transformators an die blanke Hochspannungsleitung geschieht durch kurze blanke Drähte, die an beiden Enden mit Ringen versehen sind. Die oberen Ringe werden in die Haken der Mastanschlußapparate eingehängt und die unteren mit den Stromabnehmern des Wagens verbunden. Um die Berührung der unter Strom stehenden Abnehmer zu verhindern, ist ihr unterer Teil von einem Drahtgitter umgeben, das zusammen mit den Stromabnehmern selbst mittels eines ausbalanzierten Klappbügels umgelegt werden kann, wenn der Wagen von einer Anschlußstelle zur anderen gefahren werden soll.

Zur Verbindung der nach dem Stromverbraucher führenden biegsamen Niederspannungsleitung mit der Niederspannungseite des Transformators dient eine an der Außenwand des Wagens angebrachte Steckdose mit Stecker in wasserdichtem Eisengehäuse, deren Blockiereinrichtung den Zweck hat, daß die Verbindung des Steckers mit der Dose nur im stromlosen Zustand hergestellt und gelöst werden kann.

### e) Elektrische Seilpflüge.

Erst mit Hilfe der im vorstehenden beschriebenen Einrichtungen ist es ermöglicht worden, auch für die Bodenbearbeitung die Vorzüge des Elektromotors auszunutzen. Zunächst geschah das in Form der elektrischen Pflüge nach dem Seilzugsystem, die sich von den bekannten Dampfpflügen im wesentlichen dadurch unterscheiden, daß zum Antrieb der Seiltrommeln an Stelle der Dampfmaschinen mit Dampfkessel entsprechend starke, in sogenannte Windewagen eingebaute Elektromotoren mit Zubehör verwendet werden.

Während sich bei den Dampfpflügen und neuerdings auch bei den Seilpflügen mit Explosionsmotoren hauptsächlich das Zweimaschinensystem durchgesetzt hat, bei dem auf beiden Seiten des zu pflügenden Feldes die Seiltrommeln durch Kraftmaschinen angetrieben werden, lag bei den Elektropflügen im Hinblick auf Leitungsersparnis der Gedanke nahe, das Einmaschinensystem zu bevorzugen. Hier wird die Pflugbewegung in Richtung nach dem Windewagen zu durch unmittelbaren Seilzug betätigt, während die entgegengesetzt gerichtete Bewegung durch mittelbaren Seilzug dergestalt bewerkstelligt wird, daß das von einer zweiten Seil-

Bild 59. Windewagen, Transformatorwagen und Kippflug eines elektrischen Zweimaschinen-Pflugsatzes.

trommel des Windewagens ausgehende längere andere Seil über eine Seilscheibe des am anderen Feldende aufgestellten Ankerwagens geführt und mit seinem freien Ende an der anderen Seite des Kippfluges befestigt wird. Die praktischen Erfahrungen mit dem Einmaschinensystem haben jedoch erkennen lassen, daß die Standfestigkeit des Ankerwagens und seine Fortbewegung rechtwinklig zur Pflugrichtung nur unter gewissen günstigen Voraussetzungen bezüglich der Bodenart und -gestaltung ein zufriedenstellendes Arbeiten ermöglicht. Deshalb hat man im allgemeinen den Bau von Einmaschinen-Elektropflügen aufgegeben und sich auf die Lieferung von Zweimaschinenpflügen beschränkt.
Ein solcher elektrischer Zweimaschinen-Elektropflugsatz setzt sich im wesentlichen zusammen aus zwei Windewagen mit je einem Transformatorwagen und Stahldrahtseil, und einem mehrscharigen Kippflug (Bild 59). Die jetzige Ausführungsform der von den Siemens-Schuckertwerken gebauten elektrischen Pflüge ist durch folgende Einzelheiten gekennzeichnet:

Der Windewagen (Bild 60) dient zur Aufnahme einer Trommel für das Stahldrahtzugseil des Kippfluges, der dazugehörigen Seilbrems- und -führungsvorrichtungen, des Elektromotors zum Antrieb sowohl der Seiltrommel als auch der Fahrräder, der Anlaßwalze mit angebautem Widerstand für Vor- und Rückwärtslauf, des Spannungsrückgangschützes mit Überstromauslöser und Spannungswandler, der Zahnradübersetzungs- und Wechselgetriebe, der zur Bedienung erforderlichen Schalt-, Brems- und Sicherheitsvorrichtungen und des Stromzeigers.

Die Achse der Seiltrommel ist wagerecht gelagert, was gegenüber der senkrechten Lagerung bei den Dampfpflügen als Vorteil anzusprechen ist. Die Größe der Trommel ist abhängig von der Länge und Stärke des Pflugdrahtseiles, und diese Größen werden beeinflußt durch die Furchenlänge und den im Höchstfalle zu überwindenden Bodenwiderstand. In der Regel verwendet man 465 m Seil von 20 mm Dmr. entsprechend einer Furchenlänge von 450 m, jedoch kann man auch bis zu 515 m Seil, also 500 m Furchenlänge, gehen. Seilbremsen für das abzuwickelnde Seil vervollständigen das Windewerk.

Bild 60. Windewagen eines elektrischen Zweimaschinen-Pflugsatzes.

Zum Antrieb wird ein für vorübergehende starke Überlastung gewickelter Drehstrommotor mit der Drehzahl 1000, einer Normalleistung von etwa 60 kW wechselweiser Beanspruchung und für 1000 V Betriebspannung verwendet. Auf seiner Welle sitzt ein aus dem Vollen gefräster Phosphorbronzetrieb, dessen Gegenstirnrad aus Stahlguß hergestellt und ebenfalls aus dem Vollen gefräst wird. Dieses Stirnrad kann entweder mit dem Windewerk oder mit den Hinterrädern dergestalt gekuppelt werden, daß diese sowohl gleichzeitig als auch, der besseren Lenkung wegen, einzeln angetrieben werden können.

Die sämtlichen Steuereinrichtungen, die Schalthebel, das Lenkhandrad usw. sind auf dem in der Mitte des Windewagens angeordneten Führerstand bequem zu handhaben. Er ist von beiden Wagenlängsseiten aus besteigbar und hat ein nach allen Richtungen hin freies Gesichtsfeld. Die Triebwerke sind, soweit erforderlich, mit Schutzvorrichtungen versehen, auch die Seiltrommel und die Seilleitscheibe haben starke Drahtseilschutzvorrichtungen. Die vorgenannten Einrichtungen mit den sonst noch erforderlichen Nebenapparaten finden in gedrängter und doch leicht zugänglicher Anordnung

Platz auf einer gemeinsamen durchbrochenen Grundplatte, deren mit starken Knotenblechen vernieteter Hauptrahmen durch Quer-, Diagonal- und Kastenträger wirksam versteift ist. Nach oben wird der Raum durch ein stark verankertes Schutzdach abgeschlossen. Die Abmessungen der Grundplatte sind so gewählt, daß sich ein Hilfsexplosionsmotor mit Zubehör darauf unterbringen läßt, wenn der Pflugsatz längere Wegstrecken zurücklegen muß, ohne daß Stromanschlüsse unterwegs verfügbar sind, oder wenn man sich überhaupt von Gespannen und Leitungen beim Wechsel des Aufstellungsortes unabhängig machen will.

Mit den Stützsäulen des Daches am hinteren Ende des Windewagens ist ein Kabelsattel verbunden zur Aufnahme von etwa 300 m biegsamer Pflugleitung, so daß man von einer Anschlußstelle, das heißt von einem Aufstellungsorte des Transformatorenwagens aus, eine Feldlänge von 600 m pflügen kann. Bei 500 m Furchenlänge entspricht das der Beherrschung einer Feldfläche von 30 ha oder rund 120 (preußischen) Morgen von einem Aufstellungsorte aus.

Der Durchmesser der vorderen Fahrräder beträgt 1300 mm, die Breite 350 mm, der Durchmesser der hinteren Fahrräder 2300 mm, ihre Breite 500 mm, der Radstand 4300 mm. Die Vorderräder sind für Anordnung von Schneidstreifen, die Hinterräder zur Anbringung von Griffsporen eingerichtet und mit Schrägstreifen versehen.

Der Windewagen hat eine Gesamtlänge von 6100 mm ohne Kabelsattel, die Breite beläuft sich ohne Räder auf 2600 mm und die Gesamthöhe auf 3000 mm.

Das Dienstgewicht eines betriebsfertigen Windewagens einschließlich Ausrüstung und Drahtseil beträgt rund 12600 kg, die mittlere Seilzuggeschwindigkeit 1,5 m und die Fahrgeschwindigkeit 0,6 m in der Sekunde. Der Stromverbrauch der Elektropflüge ist abhängig von der Bodenbeschaffenheit und der Furchentiefe. Er schwankt zwischen 36 kWh je ha (leichter Boden bei 15 cm Furchentiefe) und 96 kWh je ha (schwerer Boden bei 36 cm Furchentiefe) und kann im Mittel mit 64 kWh je ha angenommen werden.

Bild 61. Schematische Darstellung der Schollenbildung beim Pflügen.

### f) Motorbodenfräsen.

Das Ergebnis des Pflügens wird gekennzeichnet durch die Bildung von Erdschollen (Bild 61), die einer weiteren Bearbeitung durch Kultivatoren, Grubber, Eggen, Walzen und ähnliche Geräte bedürfen, damit der Boden die zur Aufnahme des Saat-

Bild 62. Schematische Darstellung der durch die Bodenfräse erzielten Krümelstruktur.

gutes und zum freudigen Gedeihen der daraus entstehenden Nutzpflanzen erforderliche Krümelstruktur erhält. Je höher die Kosten für Arbeiter und Gespanne stiegen, desto dringender wurde das Bedürfnis, die Bodenbearbeitung so vorzunehmen, daß möglichst schon in einem Arbeitsgange die gewünschte Krümelstruktur erreicht, mit anderen Worten, daß der Boden durch einmalige Bearbeitung saatfertig gemacht wurde. Dieses Ziel ist im wesentlichen erreicht worden durch ein neues Bodenbearbeitungsgerät, das im Hinblick auf die in der Metallbearbeitung verwendeten ähnlich wirkenden Fräswerkzeuge die Bezeichnung Motorbodenfräse erhalten hat (Bild 62).

Während bei den bekannten Ein- oder Mehrscharpflügen eine oder mehrere Pflugschare fest mit dem Pflugrahmen verbunden sind und mit diesem ein starres Ganze bilden, sind bei der Bodenfräse eine Anzahl Grabewerkzeuge mit einer rechtwinklig zur Fortbewegungsrichtung gelagerten Achse derart verbunden, daß bei deren Drehung und bei der Fortbewegung der Maschine jeweils nur ein oder einige Werkzeuge unter einem bestimmten Winkel in den Boden eindringen und diesen zertrümmern.

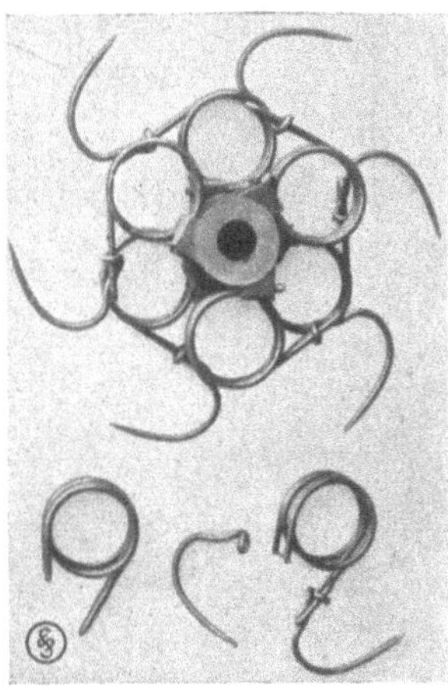

Bild 63. Werkzeugkranz.

Die von den Siemens-Schuckertwerken entwickelten Bodenfräsen arbeiten im Gegensatz zu anderen Systemen an Stelle von starren Werkzeugen mit hochelastischen federnden Werkzeugen, die unvorhergesehenen Bodenwiderständen, wie Steinen, Wurzeln u. a. m., durch Zurückbiegen weitgehendst auszuweichen vermögen. Dieses Werkzeug (Bild 63 und 64) ist durchgebildet nach den Patenten von Meyenburgs und wird aus bestem Federstahl hergestellt; es besteht aus zwei Teilen: der Feder und dem Haken. Die Feder sitzt auf dem Werkzeugträger in einer Vierkanttülle und wird durch einen einfachen Splintdraht festgehalten. Der Haken wird durch eine Schlaufe mit der Feder verbunden. Neben seiner Elastizität hat das Werkzeug die

Bild 64. Frässchwanz.

Eigenart, im Boden immer scharf zu bleiben, was wegen des Kraft- und Materialverbrauchs von ausschlaggebender Bedeutung ist. Etwa beschädigte oder regelrecht abgenützte Werkzeuge können mit wenigen Handgriffen ausgewechselt werden.

Der Drehbewegung der Fräswalze sowie der Fortbewegung der ganzen Maschine dient ein darauf befestigter Motor. Die von ihm erzeugte Kraft wird durch Getriebeteile (Kupplung, Wechselgetriebe, Kardangelenk, Mittelantrieb) sowohl nach der Fräswalze als auch nach den der Fortbewegung dienenden Rädern übertragen. Jede der beiden Bewegungsarten ist für sich ein- und abstellbar, ebenso kann ihre Geschwindigkeit ähnlich wie bei den Kraftwagen innerhalb der erforderlichen Grenzen verändert werden.

Bild 65. Gutsfräse in Betrieb.

Diese Forderungen müssen erfüllt werden, weil verschiedene Bodenarten, Steigungsverhältnisse und Frästiefen verschiedene Arbeits- und Fortbewegungsgeschwindigkeiten verlangen und weil beim Fahren auf der Straße die Fräswerkzeuge ruhen müssen. Um die Leerfahrt und das Wenden der Maschine während der Arbeit zu ermöglichen, kann der Frässchwanz (bei der größten Maschinentype motorisch) gehoben und gesenkt werden. Ein auf den seitlichen Armen des Frässchwanzes befestigtes leichtes Dach umgibt einen Teil der Fräswalze zu dem Zwecke, die von den Krallen aufgeworfenen Erdbrocken in ihrer Bewegung zu hemmen und sie dabei weiter zu zerkleinern, nebenbei aber die Staubentwicklung nach außenhin abzugrenzen und die Bedienungsmannschaft gegen Beschädigung durch die bewegten Krallen zu schützen. Die Tiefeneinstellung erfolgt durch das Verstellen der am Frässchwanz angebrachten Seitenbleche und durch das Anspannen und Nachlassen einer mittleren Tragfeder (Bild 65).

Zur Beeinflussung dieser verschiedenen Hilfsmittel zum In- und Außerbetriebsetzen sowohl der gesamten Maschine als auch ihrer einzelnen bewegten Teile sind auf dem Führersitze die erforderlichen Hebel, Hand- und Fußgriffe übersichtlich und leicht erreichbar angeordnet.

Hinter dem Führersitz befindet sich ein Kasten, der zum Mitführen von Werkzeugen, Ersatzteilen, Schmier- und Putzstoffen usw. dient. Die Benzolfräsen werden mit Benzolbehältern, Kühl- und Auspuffvorrichtungen ausgerüstet, während bei den Elektrofräsen zu den oben erwähnten Einzelteilen noch der Anlasser, die Sicherungen, Kabelzuführungs- und -wickelvorrichtungen u. a. m. hinzutreten und natürlich auch die Anlage von Niederspannungsleitungsnetzen oder die Aufstellung von Transformatorwagen notwendig wird.

Bei den Gartenfräsen fällt der Führersitz weg und es werden hier die soeben erwähnten Steuerorgane an der seitlich und in der Höhe beweglichen Führungsgabel (Sterzen) angebracht, wo sie von dem neben oder hinter der Maschine herschreitenden und lenkenden Mann bedient werden. Um schmale Streifen zwischen Baum- oder Strauch- und Pflanzenreihen fräsen zu können, ohne den gelockerten Boden wieder festzu-

Bild 66. 4 PS-Gartenfräse, Type K.

treten, läßt sich die Führungsgabel nach vorn herumschlagen, so daß der Lenker vor der Maschine geht.

Es werden zurzeit folgende zwei Größen von Bodenfräsen gebaut:

1. die 5 PS-Gartenfräse (Bild 66)
2. die 35 PS-Gutsfräse (Bild 65)

Tafel I. Abmessungen, Gewichte, Leistungen usw. der Benzinmotor-Bodenfräsen.

| Type | 5 PS-Gartenfräse | 35 PS-Gutsfräse |
|---|---|---|
| Motor | 5 PS-Zweitakt-<br>Einzylinder<br>luftgekühlt | 35 PS-Viertakt-<br>Vierzylinder<br>wassergekühlt |
| Fahrgeschwin-<br>digkeiten | I. Gang 28 cm/s<br>II. Gang 65 cm/s | I. Gang 45 cm/s<br>II. Gang 60 cm/s<br>III. Gang 105 cm/s<br>rückwärts 45 cm/s |
| Arbeitsbreite | 70 cm<br>bzw. 50 cm<br>bzw. 40 cm | 160 cm |
| Arbeitstiefe je nach Einstellung bis zu | etwa 25 cm | etwa 30 cm |
| Brennstoffverbrauch | etwa 3 kg/h | 8—10 kg/h |
| Flächenleistung je Stunde | 5—12 a | $^1/_4$—$^1/_2$ ha |
| Gewicht | 260 kg | 2300 kg |

Die sämtlichen Getriebeteile der Bodenfräse sind in gedrungener Anordnung in dem zugleich als Fahrgestell dienenden Getriebekasten vereinigt, der bei möglichst geringem Gewicht und ausreichender mechanischer Festigkeit die staubempfindlichen Teile nach außen sicher abschließt, die zuverlässig wirkenden Schmierstellen leicht zugänglich zusammenfaßt und die Möglichkeit gewährt, etwa beschädigte oder abgenützte Teile schnell zu ersetzen oder in Ordnung zu bringen. Ferner ist Vorsorge getroffen, daß der Motor durch Aufsetzen einer Riemenscheibe auf die Welle auch zum Antriebe feststehender Arbeitsmaschinen verwendet werden kann (Bild 67 und 68). Am hinteren Ende der 35 PS-Bodenfräse lassen sich außerdem Vorrichtungen anbringen, die das Anhängen von Düngerstreu-, Säe- und Erntemaschinen (Bild 69), von Walzen, Wagen und anderen Geräten und Feldmaschinen ermöglichen. Diese

Bild 67. Gutsfräse beim Antrieb einer Dreschmaschine.

Bodenfräse ist also, abgesehen von ihrer besonderen Aufgabe als Bodenbearbeitungsgerät, auch als Antriebsmotor und als Zugmaschine zu verwenden.
Als Kraftquelle für die Bodenfräse können grundsätzlich entweder Explosions- oder Elektromotoren verwendet werden, je nachdem, ob elektrischer Strom zur Verfügung steht oder ausreichend billige flüssige Brennstoffe erreichbar sind. Die sogenannten Benzinfräsen haben den Vorzug der Unabhängigkeit von Leitungen, während sich die Elektrofräse wegen der früher bereits geschilderten Vorzüge des Elektromotors durch größere Betriebsicherheit und unter gewissen Umständen durch niedrigere Betriebskosten auszeichnet. (Ausnahmetarife der Kraftwerke, eigene Wasserkraft zur Stromerzeugung usw.)
Die Entwicklung des elektromotorischen Antriebes der Bodenfräsen ist durch den Krieg aufgehalten und zunächst nur für die kleine Gartenfräse durchgeführt worden. Der für die elektrische Gartenfräse (Bild 70) konstruierte Elektromotor von 2 kW Leistung wird an der Vorderseite der Fräse in ähnlicher Weise wie der Benzinmotor angeflanscht. Die Stromzuführung geschieht in folgender Weise: In das Erdreich des regelmäßig zu fräsenden Gartens oder Feldstückes werden in bestimmten Abständen Rohre eingelassen, in denen ein tragbarer Mast mit seinem Fuße Aufstellung und Halt findet. Ein Ausleger an seinem oberen Ende trägt eine Rolle und am Mastfuße befindet sich eine Anschlußdose bzw. ein Stecker. Von hier aus führt einerseits eine biegsame mehradrige Leitung nach der Verbindungstelle mit der fest verlegten Leitung und andererseits eine ebensolche Leitung desselben Querschnittes am Mast in die Höhe und dort über die Rolle des Mastauslegers nach dem Ausleger der Fräse, wo sie mit deren Elektromotor fest verbunden wird. Um diese

Bild 68. Gartenfräse beim Antrieb einer Arbeitsmaschine.

Bild 69. Gutsfräse mit angehängten Getreidemähern.

Verbindungsleitung immer in Spannung zu halten, damit sie nicht die Pflanzen beschädigt und sich ihre isolierende Hülle nicht vorzeitig abnützt, wird zwischen Mastspitze und Auslegerrolle ein Rollengewicht auf die Leitung gehängt, das beim Wegfahren der Fräse vom Mast gehoben wird, während es beim Hinfahren zum Mast herabsinkt. Bei einer Masthöhe von 6 m und einer dementsprechenden Leitungslänge von 25 m läßt sich von einer Maststelle aus eine Fläche von etwa 1200 m² Größe fräsen. Von der Anzahl dieser Maststellen hängt die Größe der zu bearbeitenden Gesamtfläche ab und von der Entfernung zwischen der festen Leitung und der entferntesten Maststelle die Länge der oben an erster Stelle erwähnten biegsamen Verbindungsleitung. Zu deren Unterbringung bzw. zum Auslegen wird zweckmäßig eine fahrbare Karre mit Kabeltrommel oder Kabelsattel verwendet.

Will man mit einer Gartenfräse der Reihe nach verschiedene voneinander entfernt liegende Feld- oder Gartenstücke bearbeiten, so hängt man die Kabelkarre an die Fräse an, bringt darauf den Tragmast mit den Fräskabeln in geeigneter Weise unter und fährt dann mit der gesamten Einrichtung von einer Arbeitstelle zur anderen.

Wie schon in der Einleitung zu diesem Abschnitte ausgeführt wurde, ist es die wesentlichste Aufgabe der Bodenfräse, dem von ihr bearbeiteten Boden eine gute Krümelung zu geben. Wenn trotz dieser weitgehenden Zerkleinerung des Bodens dafür kein größerer Kraftaufwand erforderlich ist, als für die Schollenbildung durch einen Motorpflug gleicher Flächenleistung, der dann noch die weitere Bearbeitung durch Eggen, Krümmer und ähnliche Geräte folgen muß, so beruht das auf folgenden Ursachen: Beim Fräsen kommen die einzelnen Krallen in der Fahrtrichtung der Fräse zum

Eingriff in den Boden. Sie wirken dadurch gewissermaßen schiebend auf das Vorrücken der Bodenfräse, fördern also diese Bewegung. Die Pflugschare der Motorpflüge dagegen wirken bremsend auf die Fortbewegung, denn sie müssen den vollen Bodenwiderstand überwinden. Sie bedürfen dazu eines diesem Widerstande entsprechenden Adhäsionsgewichtes und einer besonders kräftigen Konstruktion zur Aufnahme dieser Kräfte. Bei Motorpflügen für große Flächenleistungen kann infolgedessen deren Gesamtgewicht derart hoch werden, daß von den Rädern des Pfluges ein das Pflanzenwachstum schädigender Bodendruck ausgeübt wird, der durch das weniger freudige Aufgehen und Wachsen der Pflanzen auf den Radspuren auch schon äußerlich dem Auge erkennbar wird. Das geringere Gewicht der Bodenfräse erfordert vergleichsweise natürlich einen geringeren Kraftaufwand für ihre Fortbewegung.

Bild 70. Schematische Darstellung der Leitungszuführung zur elektrischen Gartenfräse.

Von besonders günstigem Einflusse auf den Kraftaufwand beim Fräsen selbst ist die Eigenart der Werkzeuge, die dank ihrer Elastizität den stoßweisen Beanspruchungen in hohem Grade ausweichen. Infolgedessen läßt sich die Motorgröße besser der normalen Leistung der Bodenfräse anpassen, so daß der Motor gleichmäßiger und mit besserem Nutzeffekt beansprucht wird, als es bei den Motorpflügen der Fall ist. Das geringe Gesamtgewicht der Bodenfräse und die Förderung ihrer Fortbewegung durch den Fräsvorgang selbst machen die Maschine ganz besonders zur Überwindung größerer Steigungen, also zur Bearbeitung bergigen Geländes, geeignet.

Ob die Krümelstruktur des gefrästen Bodens unter allen Umständen eine Ertragsteigerung gegenüber dem gepflügten Boden bringen kann, läßt sich bei der Menge und Verschiedenartigkeit der sie bestimmenden Einflüsse (Klima, Bodenart, Pflanzenart, Feuchtigkeitsgehalt der Erde und der Luft, geographische Lage, Düngung u. a. m.) nicht immer eindeutig erweisen, jedoch führen ein großer Teil der gesammelten Erfahrungen sowie die theoretischen Erwägungen über diejenigen Vorgänge im Boden, die von Einfluß auf das Pflanzenwachstum sind, mit großer Wahrscheinlichkeit zur Bejahung dieser Frage. Bei den Hackfrüchten, besonders den Kartoffeln, ist durch planmäßig vorgenommene mehrjährige Versuche ebenso wie durch die Erfahrungen im praktischen Betriebe der einwandfreie Beweis für die Richtigkeit dieser Behauptung erbracht worden. — Ebenso einwandfrei sind die Vorzüge der Fräskultur bei Lösung folgender Aufgaben der Bodenbearbeitung festgestellt worden:

Bild 71. Gutsfräse mit besonderen Werkzeugen zur Bearbeitung von Waldboden.

1. Die Krümelung der oberen Bodenschicht auf geringe Tiefe unmittelbar nach der Ernte zur Schaffung günstigster Bedingungen für das Aufgehen des Unkrautsamens sowie zur Förderung der Wasserhaltung im Boden läßt sich durch die Bodenfräse erheblich leichter und wirksamer erreichen, als durch die Schälfurche des Pfluges.
2. Bei der planmäßigen Bekämpfung der Quecke ist die Fräsverwendung der Pflugarbeit erheblich überlegen, wenn der Feuchtigkeitsgehalt des Bodens richtig abgepaßt wird. Er darf weder schmieren noch steinhart geworden sein. Die Queckenwurzeln werden durch die krallenartigen Werkzeuge wie von einem Rechen erfaßt und aus dem Boden herausgezogen. Natürlich müssen außerdem auch die sonst gebräuchlichen Maßnahmen zur Queckenvertilgung angewendet werden.
3. Das wiederholte Auflockern des Bodens nach dem Aufgehen der Nutzpflanzen zu dem Zwecke, das Unkraut zu vernichten oder wenigstens sein Wachstum zu stören und das Verdunsten der im Boden befindlichen Feuchtigkeit tunlichst einzuschränken, ist ein wichtiges Mittel zur Ertragssteigerung. Die Bodenfräse eignet sich hierzu besser als der Hack- und Häufelpflug wegen der Möglichkeit, die Fräskrallen zweckentsprechend

anzuordnen, wegen des geringeren Maschinengewichtes und schließlich wegen der erheblich leichteren Lenkbarkeit und Wendigkeit der Fräse.
4. Die Unterbringung tierischen und mineralischen Düngers und seine Vermischung mit der Erde wird von der Bodenfräse in der vollkommensten Weise bewerkstelligt.
5. Bei Verwendung von besonderen Werkzeugen eignet sich die Bodenfräse hervorragend zur Bearbeitung von Waldböden, von Hoch- und Niederungsmooren und von vernachlässigten Wiesen und Weiden (Bild 71).
Zu den besonderen Vorzügen der Bodenfräse treten die allgemeinen Vorteile der durch mechanische Kraft betätigten Feldmaschinen, darin bestehend, daß der Landwirt durch ihre Verwendung unabhängiger von den Leuten und Gespannen wird und infolgedessen seinen Arbeitsplan so einrichten kann, daß jeweils der richtigste Zeitpunkt für die verschiedenen Arbeiten ausgenützt wird. Erst hierdurch wird vielfach der intensive Zwischenfruchtbau und damit eine erheblich bessere Ausnützung der verfügbaren Bodenfläche ermöglicht. Also auch auf diesem Wege gibt die sachgemäße Verwendung der Bodenfräse ein Mittel an die Hand, den Ertrag unserer Ackerwirtschaft zu steigern. Je mehr der einzelne Landwirt bzw. Gärtner die in der Bodenfräse liegenden Ausnützungsmöglichkeiten nach Maßgabe seiner besonderen Betriebsverhältnisse erforscht und anwendet und je angelegentlicher er seinen Maschinen die erforderliche Pflege und sorgfältige Bedienung angedeihen läßt, desto mehr wird sie ihm eine Quelle der Schaffensfreude und des Wohlstandes sein.
Die Verwendung elektrischen Stromes zum Fräsbetrieb hat insofern mittelbare Vorteile im Gefolge, als die dadurch erzielte bessere Ausnützung der stromerzeugenden und fortleitenden Einrichtungen den stromliefernden Werken die Möglichkeit verschafft, die elektrische Energie billiger zu erzeugen und zu verkaufen, und weil manchem Landwirt aus demselben Grunde dadurch Veranlassung gegeben wird, die Vorteile des elektrischen Stromes auch für die anderen Teile seines Betriebes auszunützen, was sonst, besonders bei größerer Entfernung seines Gutes von der nächsten Hauptleitung, in wirtschaftlich günstiger Weise nicht angängig ist.

## C. Elektrische Beleuchtung.

Die zahlreichen Vorzüge elektrischer Beleuchtung sind im wesentlichen auf zwei Ursachen zurückzuführen:

1. auf die Lichterzeugung im luftabgeschlossenen Raume der Glühlampe ohne Flammenentwicklung und
2. auf die Tatsache, daß durch Einschalten oder Unterbrechen eines Stromweges die darin untergebrachte Lampe oder Lampengruppe zum Leuchten oder Verlöschen gebracht werden kann, ohne daß ein Anzünden oder ein Handgriff an den Lampen selbst erforderlich ist. Daraus ergibt sich der außerordentliche Vorteil, daß man jede Lampe ohne Rücksicht

auf Zugängigkeit dort anbringen kann, wo sie am zweckmäßigsten ihre Aufgabe erfüllt, während man andererseits für den zu ihrer Bedienung erforderlichen Schalter einen Platz wählen kann, der leicht erreichbar ist und gewisse Sicherheiten bietet.

Für bestimmte Fälle kommt die Möglichkeit in Betracht, entweder von verschiedenen Stellen aus eine Lampe ein- und ausschalten zu können oder mittels eines einzigen Schalters von einer Lampengruppe mehrere Untergruppen oder Einzellampen je nach Wunsch und Bedarf ein- und auszuschalten.

Bild 72. Elektrische Beleuchtung eines Gutshofes.

Schließlich spielt die Schmiegsamkeit der elektrischen Leitungen im Gegensatz zu den starren Gasrohrleitungen eine nicht unwesentliche Rolle unter den Vorzügen elektrischer Beleuchtungsanlagen.

Sowohl für die Wohn- als auch für die Betriebsräume spielt die große Feuersicherheit der elektrischen Beleuchtung insofern eine bedeutende Rolle, als der Gebrauch von Streichhölzern und anderen Feuerzeugen in den mit leicht brennbaren Stoffen gefüllten Räumen, wie Scheunen, Heu- und Futterböden usw., fortfällt. Aber auch die verhältnismäßig geringe Wärmeentwicklung der Glühlampen selbst sowie das Wegfallen der Luftverschlechterung durch Blaken, Rußen, Entziehung des Sauerstoffs aus der Luft und Entstehen von Verbrennungsgasen sind in den im allgemeinen niedrigen landwirtschaftlichen Wohnräumen als eine wertvolle Annehmlichkeit einzuschätzen.

Die oben angedeuteten Schaltmöglichkeiten lassen sich in ihrer praktischen Auswirkung am besten erkennen, wenn man im Geiste einen Gang durch eine zweckmäßig elektrisch eingerichtete Wirtschaft unternimmt. Die im

Bild 73. Stallbeleuchtung.

Gutshofe und dem Hausflur des Wohnhauses angebrachten Lampen haben zunächst je einen Schalter am Hauseingang, außerdem aber ist im Schlafzimmer des Hausherrn, vom Bett aus leicht erreichbar, ein weiterer Schalter befestigt, durch den man die Hoflampe ebenfalls bei Bedarf ein- und ausschalten kann. Das bedeutet eine wesentliche Erhöhung der Sicherheit gegen Diebstahl und Unfug, besonders wenn der Aufhängeort der Hoflampe oder -lampen so gewählt ist, daß ihr Licht möglichst in alle Ecken und Winkel eindringen kann. Daß außerdem die zweckmäßige Beleuchtung des Hofes (Bild 72) in den winterlichen Abend- und Morgenstunden für den Wagen- und Wirtschaftsverkehr von wirtschaftlicher Bedeutung ist, bedarf keines besonderen Beweises. Sie wird unterstützt durch die Bequemlichkeit des Ein- und Ausschaltens, weil diese das Mittel an die Hand gibt, diese Beleuchtung nur dann und nur so lange in Betrieb zu nehmen, wie es den jeweils im Freien auszuführenden Arbeiten entspricht.

In der Wohnstube bringt man außer der Tischlampe zweckmäßigerweise ein oder einige Anschlußdosen an, an die man mittels Stecker und biegsamer Leitung entweder eine Stehlampe für den Arbeitstisch des Hausherrn und die Beleuchtung der Nähmaschine, oder ein Bügeleisen, den Motor der Nähmaschine und eine Wärmplatte oder ein Kochgefäß anschließen kann. Auch für die Küche empfehlen sich derartige Anschlußvorrichtungen. In der Speisekammer und in anderen Vorratsräumen des

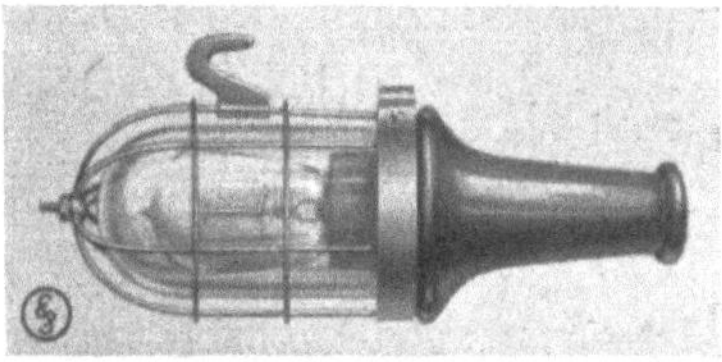

Bild 74. Handlampe.

Kellers und des Bodens bringt man die Schalter außen neben den Eingängen an, um beim Betreten und Verlassen dieser Räume die Lampen bequem ein- und ausschalten zu können. Dasselbe gilt für die eigentlichen landwirtschaftlichen Betriebsräume (Bild 73). Ist der Stall so groß, daß man für die allgemeine Betriebsbeleuchtung mehr als eine Lampe aufhängen muß, dann empfiehlt sich die Verwendung eines Schalters, mit dem man je nach Bedarf eine oder mehrere Lampen zu- und abschalten kann. Um in besonderen Fällen, z. B. beim Fohlen oder Kalben während der Nacht, am Ort gutes Licht zu haben, ist auch hier die Verwendung von gut gekapselten Anschlußdosen und durch Drahtkörbe geschützten Handlampen am Platze. Gleich gute Dienste leisten derartige ortsveränderliche Lampen (Bild 74) in den Milchkellern und Molkereiräumen, weil ihre Verwendung die wünschenswerte Reinlichkeit fördert. Und in der Werkstatt ebenso wie im Wagen- und Maschinenschuppen können die winterlichen Ausbesserungen durch zweckmäßige Anordnung derartiger Lampen vorteilhaft beeinflußt werden. Die Möglichkeit, die Scheune, den Futterboden und ähnliche Räume ausreichend und feuersicher in den Stunden beleuchten zu können, wo das Tageslicht fehlt oder nicht ausreicht, erleichtert die Arbeitsverteilung des Landwirtes in den Wintermonaten wesentlich.

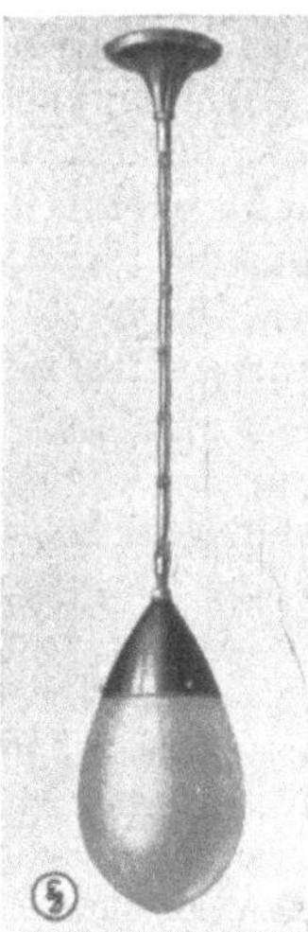

Bild 75. Tropfenleuchte.

Die Anbringung von durch Schlüssel bedienbaren Hauptschaltern für größere Lampengruppen gibt dem Hausherrn ein Mittel an die Hand, um einerseits den sparsamen Gebrauch der Beleuchtungseinrichtungen zu ermöglichen und sie andererseits im Falle irgendeiner Gefahr zur Erhöhung der Sicherheit zu verwenden.

Die elektrische Beleuchtung hat sich im Laufe der Zeiten erheblich verbessert. Die Bogenlampen mit ihrem mehr oder weniger empfindlichen Regelmechanismus sind durch die hochkerzigen Glühlampen ersetzt worden. Die Kohlenfadenlampen haben in den meisten Fällen den Metallfadenlampen weichen müssen und durch Füllung dieser Lampen mit besonderen Gasen sowie durch geeignete Anordnung der Glühfäden sind die Farbe und Stärke des Lichtes verbessert und vermehrt und der Stromverbrauch verringert worden. Die lichttechnischen Grundbegriffe und ihre gegenseitigen Beziehungen haben durch die Leitsätze der deutschen Beleuchtungstechnischen Gesellschaft für Innenbeleuchtung und Beleuchtung im Freien Klarheit geschaffen und anregend u. a. auf die richtige Lampengröße und Verteilung sowie auf die Formung und Anordnung der Beleuchtungskörper für die verschiedensten Zwecke eingewirkt. Wenn auch für landwirtschaftliche Zwecke diese Frage keine besonders wichtige Rolle spielt, so sollte doch auch hier von diesen Fortschritten Gebrauch gemacht werden, zumal für die Beleuchtung im Innern von Betriebsräumen, wie in der Schmiede- und Tischlerwerkstatt, dem Milchkeller u. a. m. Hier kommt es in erster Linie darauf an, die Lampen durch Schutzgläser, Schutzkörbe u. a. m. gegen mechanische Zerstörung und gegen die schädlichen Einflüsse von Wasser, Gasen und Staub zu schützen (Bild 76 und 77).

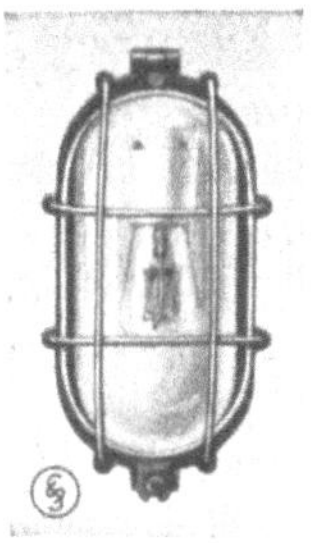

Bild 76.

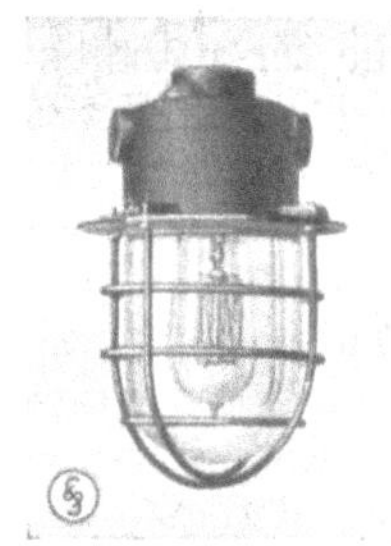

Bild 77.

Gußeiserne Armatur für rauhe Betriebe.

Die Wirkung der künstlichen Lichtquellen hängt nicht nur von ihrer Art, Stärke und Verteilung, sondern auch davon ab, ob Decken und Wände der zu beleuchtenden Räume die Lichtstrahlen zurückwerfen oder aufsaugen. Will man also in Wohn- und Betriebsräumen mit geringstem Stromaufwand eine möglichst gute Allgemeinbeleuchtung erzielen, dann empfiehlt es sich, Wände und Decken weiß und glatt zu halten und die Beleuchtungskörper und Glühlampen so auszuwählen, daß das dafür verwendete Glas tunlichst viel Lichtstrahlen hindurch läßt. Handelt es sich dagegen um die Beleuchtung von bestimmten Arbeitsplätzen, so sind solche Leuchten zu verwenden, die die Lichtstrahlen eben nur nach diesen Stellen hinleiten, ohne daß die Augen belästigt werden, mit anderen Worten, daß das Auge nur die beleuchtete Fläche, nicht aber die Lichtquelle selbst sehen kann. Schließlich kann man die beiden vorgenannten Aufgaben durch Benützung der hierfür geeigneten Leuchten und Glühlampen vereinigen.

Im allgemeinen empfiehlt es sich, Glühlampen aus durchsichtigem Klarglas nur dort zu verwenden, wo sie gegen die Augen abgeblendet sind. Das kann äußerlich durch besondere sie umschließende Glashüllen aus Milch- oder Mattglas und dadurch erreicht werden, daß die Glühlampenglasbirnen oder -kugeln selbst ganz oder zur Hälfte mattiert oder aus Milchglas hergestellt werden. Das hierdurch erzeugte Abblenden und Zerstreuen der Lichtstrahlen bedeutet Verhinderung schädlicher Einwirkung der von räumlich kleinen, aber grellen Lichtquellen ausgesandten, in die Augen gelangenden Lichtstrahlen auf diese.

## D. Wärmeerzeugung durch elektrischen Strom.

### a) Allgemeines.

Vielfach stehen der Landwirtschaft auf eigenem Grund und Boden billige Brennstoffe, z. B. Holz und Torf, zur Verfügung und dann ist sie in dieser Beziehung an besondere Sparsamkeit nicht gebunden. Es gibt aber auch unter diesen Verhältnissen Wärmeverwendungsarten, wo Holz, Kohle oder Torf nicht brauchbar sind und wo die Vorzüge elektrischer Heiz- und Kochvorrichtungen selbst bei höheren Anlage- und Betriebskosten voll in die Erscheinung treten.

Die Erzeugung von Wärme aus Elektrizität geschieht in der Regel derart, daß man den elektrischen Strom durch Drähte oder Stäbe aus hitzebeständigem Material fließen läßt, die diesem Strome einen von ihrem Querschnitte und ihren spezifischen Leitungseigenschaften abhängigen Widerstand entgegensetzen, bei dessen Überwindung sich die Energieform der Elektrizität in diejenige der Wärme umwandelt. Diese wärmeabgebenden Widerstände werden meistens als Heizelemente bestimmter Wirksamkeit ausgebildet und dann je nach der verlangten Gesamtwirkung und der Spannung des verfügbaren elektrischen Stromes so zusammengesetzt, daß sie ein der jeweiligen Aufgabe am besten entsprechendes Ganze bilden.

Eine Eigenschaft ist es, die dieser Art der Wärmeerzeugung und -verwendung besondere Vorteile gegenüber anderen Heizarten verleiht: das Fehlen offener Flammen, infolgedessen kein Bedarf an Sauerstoff und den dazu erforderlichen Einrichtungen, wie Roste, Züge, Brenner u. a. m., kein Entstehen schädlicher Verbrennungsgase, keine Explosionsgefahr und nahezu vollkommene Feuersicherheit. Diese wird außerdem gefördert durch die zweite Eigenschaft elektrischer Heizkörper, darin bestehend, daß sich die wärmespendenden Körper so in nichtbrennbare und nichtwärmeleitende Körper einbetten lassen, daß sie ihre Wärme immer nur nach der Richtung abgeben können, wo sie gebraucht wird. Diese teilweise Isolierung gewährleistet eine Ausnutzung der erzeugten Wärme, vermeidet also jeden unnötigen Stromverlust und schützt die die Heizvorrichtungen benützenden Personen vor den Nachteilen und Unannehmlichkeiten der sonst auf sie einwirkenden Wärmestrahlen.

### b) Elektrisches Heiz- und Kochgerät.

Die *elektrischen Plätt- und Bügeleisen* z. B. haben wegen ihrer Vorzüge schon seit längerer Zeit Eingang in die Wirtschaftsräume unserer Stadt- und Landfrauen gefunden. Sie werden durch leichte und biegsame Leitungschnüre mittels Stecker und Steckdose an die feste elektrische Leitung angeschlossen und haben eine große Beweglichkeit innerhalb der durch den Verwendungszweck gezogenen räumlichen Grenzen. Bild 78 läßt das Innere des Protos-Bügeleisens erkennen, dessen Konstruktion aus reichen Betriebserfahrungen hervorgegangen ist. Auf der Sohle liegt, durch die Druckplatte angepreßt, der leicht auswechselbare Heizkörper. Als Heizwicklung wird starkes Metallband aus Chromnickel auf einem Glimmerwicklungsträger verwendet, dessen Anschlußstreifen fest an die Kontaktbügel der Kontaktstifte gepreßt werden, so daß jede Gefahr des Verschmorens von Kontakten vermieden ist. Auf die Druckplatte werden, je nach dem gewünschten Gewichte, Gewichtsplatten aufgelegt. Die Haube wird auf die Sohle aufgesetzt und durch Schraubenbolzen gehalten. Die Plättsohle besteht aus hochglanzpoliertem Schmiedeeisen, der Handgriff aus festem, unveränderlichem Preßstoff. Eine leicht abnehmbare, am breiten Ende angebrachte Aufstellvorrichtung macht einen besonderen Untersatz entbehrlich. Das Eisen wird in den Bügelpausen einfach aufgekippt, womit eine Kraft- und Wärmeersparnis verbunden ist. Zwischen den Gewichtsplatten und der Haube befindet sich eine wärmeisolierende Luftschicht, so daß sich nur die Sohle erhitzt, während die Haube verhältnismäßig kühl bleibt. Durch den Birka-Regler kann dem Protos-Hochleistungs-Bügeleisen eine höhere Wattaufnahme gegeben werden, so daß ein bedeutend schnelleres Anheizen und Bügeln möglich ist. Der Birka-Regler besteht aus einer selbsttätigen Schaltvorrichtung, die bei einer bestimmten Höchsttemperatur den elektrischen Strom unterbricht und erst wieder einschaltet, wenn die zulässige untere Temperaturgrenze unterschritten wird.

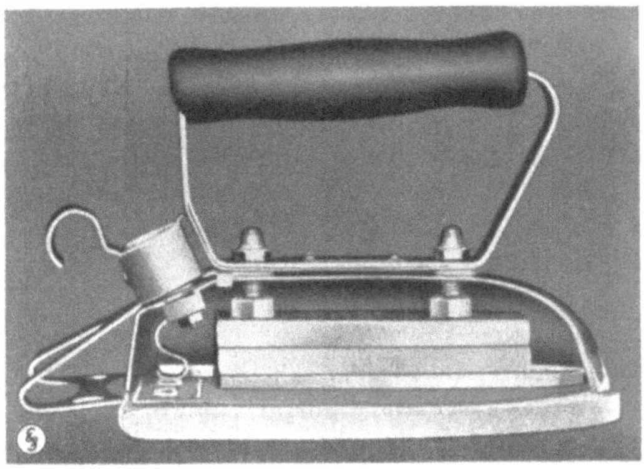

Bild 78. Schnitt durch das Protos-Bügeleisen der SSW.

Von den verschiedenartigen elektrischen Kochvorrichtungen (Wasserkocher, Kaffee- und Teemaschinen, Kochplatten u. a. m.) kommen für die Landfrau besonders die letzteren in Betracht, weil sie die Verwendung vorhandener Kochgefäße ermöglichen und für alle Koch- und Warmhaltezwecke nicht nur in der Küche, sondern auch auf dem Speisetische und im Schlafzimmer verwendbar sind. Ihr Anschluß an die Lichtleitung kann entweder durch Stecker und Steckdosen an der Wand oder durch Schraubsteckdosen, die in die Glühlampenfassung eingeschraubt werden, geschehen. Zu der regelbaren *Kochplatte* (Bild 79), mit Heizelementen aus hochwertigem Widerstandsdraht hat sich neuerdings die *Glühkochplatte* (Bild 80) gesellt. Sie ist ein ausgesprochener Schnellkocher und arbeitet wie eine

Bild 79. Elektrische Kochplatte.

glühende Herdplatte; am gelbroten Glühen der Widerstandsdrähte ist sofort zu erkennen, ob die Platte im Betriebe ist.

Bei der regelbaren Kochplatte kann der Heizstrom nach Bedarf geregelt werden, und zwar mittels eines Regelschalters so, daß sie zum Ankochen, zum Weiterkochen und zum Warmhalten verwendbar sind.

Die *Protos-Kaffeemaschine* (Bild 81) liefert durch eine sinnreiche Anordnung ein Getränk mit ungewöhnlich reinem Geschmack und bestem Aroma, denn es wird nur eine kleine Wassermenge in dem Sprudler erhitzt und kurz vor Beginn des Siedens über den Kaffee verteilt, den es langsam durchsickert. Dieser Prozeß beginnt bereits 2—3 Minuten nach dem Einschalten und ist nach 15—20 Minuten beendet.

Bild 80. Kleine elektrische Glühkochplatte.

Unter den elektrischen Kochgeräten für kleinere Hauswirtschaften ist eine neue Anordnung besonders bemerkenswert, die die Bezeichnung „*Protos-Brat- und Backrohr*" trägt (Bild 82). Man kann sie zum Braten, Backen, Schmoren, Warmhalten und Aufwärmen benutzen, und zwar mit dem denkbar geringsten Stromverbrauch. Da sie sich außerdem durch niedrige Beschaffungskosten auszeichnet, werden die gesamten Betriebskosten nur in geringem Maße vom Zinsendienst beeinflußt.

Das Brat- und Backrohr besteht im wesentlichen aus einem Blechzylinder, der von einem ebenfalls zylindrischen Mantel umgeben ist. Da der hierdurch entstehende Zwischenraum mit wärmeisolierenden Stoffen ausgefüllt ist, ebenso wie der doppelwandige Boden und Deckel, erhält das Gerät nebenbei die bekannte Eigenschaft der Kochkiste, das Weichkochen der auf etwa 100° erhitzten Speisen ohne weitere Wärmezufuhr zu ermöglichen.

Bild 81. Protos-Kaffeemaschine.

Diese enge Vereinigung der Kochstelle mit der Kochkiste ist aber nur durch Verwendung elektrischen Stromes zur Wärmeerzeugung zu erreichen, weil sich die elektrischen Heizelemente so unter dem äußeren Mantel des Brat- und Backrohrs

Bild 82. Protos-Brat- und Backrohr.

einbauen lassen, daß sie ihre Wärme nur nach innen und nicht nach außen abgeben können, und weil im Gegensatz zu Verbrennungswärmequellen weder Sauerstoff zuzuführen noch Verbrennungsgase abzuführen sind. Das Schmoren, Braten und Backen findet im allgemeinen unter Abschluß von der Außenluft statt, doch ist dafür gesorgt, daß durch Lockerung des Deckels, z. B. beim Bräunen des Bratens, die Dämpfe abgeführt werden können.

Nicht nur für die Küche, sondern auch für verschiedene landwirtschaftliche Zwecke sind besonders empfehlenswert die *elektrischen Heißwasserspeicher* (Bild 83), die die Aufgabe haben, den billigen Nachtstrom zur Erzeugung des am Tage benötigten warmen Wassers auszunützen. Im Innern des Wasserbehälters sind Heizstäbe, sogenannte Tauchelemente in Heiztaschen, angebracht, die mit der Lichtleitung verbunden werden. Ein selbsttätiger Regler schaltet den Strom aus, sobald die gewünschte Temperatur erreicht ist, und wieder ein, wenn diese infolge natürlicher Abkühlung oder Zuströmens von Frischwasser, was selbsttätig bei der Warmwasserentnahme geschieht, unterschritten wird. Um das Abkühlen so viel wie möglich zu verhindern, wird der Zwischenraum zwischen dem Wasserbehälter und dem Außenmantel mit Korkschrot ausgefüllt.

Bild 83.
Elektrischer Heißwasserspeicher.

Bei der Wahl zwischen elektrischen Wasserkochern (Heißwasserkannen) und dem Heißwasserspeicher wird folgende Überlegung von ausschlaggebender Bedeutung sein können.

Die Speicherung des heißen Wassers ist mit Wärmeverlusten (Verlusten an elektrischer Arbeit) verbunden, die bei Verwendung von direkt beheizten Kochgefäßen auf ein Mindestmaß beschränkt bleiben. Soll also der Verbraucher mit dem Heißwasserspeicher nicht teurer arbeiten als mit dem elektrischen Kochtopf, so muß von den Elektrizitätswerken, denen an der für den Spitzenausgleich vorteilhaften Belastung durch Speicherapparate gelegen ist, ein Rabatt — erfahrungsgemäß mindestens 30 % — auf den Tagestarif gewährt werden. Die Anschlußwerte (höchste Leistungsaufnahme eines Gerätes), die bei Heiz- und Kochapparaten bedeutend höher sind als bei Beleuchtungskörpern, können naturgemäß nicht beliebig gesteigert werden, da die vorhandenen Querschnitte der Leitungen, die früher nur für elektrische Beleuchtung berechnet waren, sehr bald nicht mehr ausreichen würden. Neben der Möglichkeit, billige Nachtenergie auszunützen, bietet also die Wärmespeicherung noch den Vorteil erhöhter Arbeitsaufnahme für Heiz- und Kochzwecke bei kleineren Leitungsquerschnitten, da infolge der verlängerten Anheizzeit die Anschlußwerte erheblich heruntergedrückt werden können. Dort, wo mangels eines niedrigen Preises für Nachtstrom der Anreiz für die Beschaffung eines Warmwasserspeichers fehlt, wo man aber wenigstens das Bade- oder Waschwasser elektrisch erwärmen will, verwendet man Durchlaufapparate, die unmittelbar an die Druckwasserleitung angeschlossen werden. Der Schalter für die in die Apparate eingebauten Heizkörper ist zwangläufig mit dem Wasserzuflußventil verbunden, so daß beim Öffnen des letzteren der elektrische Schalter einschaltet, beim Schließen die Stromzufuhr unterbricht. Kurz nach dem Drehen des gemeinsamen Handgriffes auf die Stellung „Auf" strömt das Wasser mit der eingestellten Temperatur aus.

**Bild 84. Elektrischer Futterkocher.**

Den besonderen Bedürfnissen der landwirtschaftlichen Viehhaltung dient der *elektrische Futterkocher* (Bild 84), der ebenso wie der Warmwasserspeicher die Vorteile des billigen Nachtstromes bzw. einer eigenen Wasserkraft ausnutzt. Er wird zum Kochen und Dämpfen von Viehfutter, Kartoffeln, Kleie, Getreideschrot, zur Bereitung der Tränke und zum Warmhalten des Futters während der kalten Jahreszeit verwendet. Im ländlichen Haushalt kann der Kochkessel auch zum Sterilisieren, Einkochen und Wäschekochen verwendet werden. Es werden Futterkocher von etwa 50, 100 und 200 l Inhalt geliefert. Die zu wählende Größe richtet sich nach Art und Zahl des Viehbestandes (z. B. 50 l für 4—5 Mittelschweine).

Zum Futterkochen und -dämpfen wird nur so viel Wasser in den Kessel gegossen, daß es durch die Löcher der Platte des Dämpfeinsatzes gerade hindurchtritt. Der Inhalt kocht nach dem Erreichen der Siedehitze ohne Strom — also nach Art der Kochkiste — in der eigenen Wärme selbständig gar. Das Ein- und Ausschalten kann auch durch eine Uhr vollkommen selbsttätig erfolgen. Die Regelstufen der Heizelemente dienen zur Einstellung für verschiedene Füllungen und verschieden lange Heizzeiten. Die wichtigsten Vorteile des elektrischen Futterkochens sind außer der schon erwähnten Ausnützung des billigen Nachtstromes und den dadurch bedingten niedrigen Betriebskosten folgende: Große Arbeits- und Personalersparnis, besonders während der Feldarbeit, da die Kessel ohne Aufsicht kochen und dämpfen, Aufstellung an beliebiger Stelle, z. B. auch im Stalle, Warmhalten und Aufbewahrung des Kochgutes während des ganzen Tages, geringer Strombedarf und Anschaffungspreis, große Bequemlichkeit, da kippbar und leicht zu reinigen.

Bild 85. Protos-Waschautomat.

Das dritte der zur Ausnützung billigen Nachtstromes geeigneten Geräte ist

*die elektrische Waschmaschine (Protos-Waschautomat).*

Im Gegensatz zu bekannten Waschmaschinen mit mechanischem Antrieb wird bei dem neuen elektrischen Waschautomat „Protos“ (Bild 85) die Wäsche äußerst schonend behandelt. Die Reinigung der Wäsche beruht darauf, daß sie mit heißem Wasser mittels eines Dampfsprudlers stark durchflutet wird. Bei diesem Sprudelvorgang, der sich in etwa acht Stunden Waschzeit unzählige Male wiederholt, werden alle Schmutzteilchen aus der Wäsche gelöst, wodurch eine schonende Reinigung der Wäsche erzielt wird. Der Waschautomat besteht aus einem verzinkten Eisenkessel mit elektrischer Heizeinrichtung. Äußerlich unterscheidet er sich kaum von den im Haushalt üblichen Waschkesseln. Der Inhalt beträgt 50 bzw. 100 l je nach der Größe. Er arbeitet vollkommen selbsttätig und zuverlässig. Seine Bedienung ist leicht und mühelos. Sie beschränkt sich auf das Einschalten am Abend und Ausschalten am Morgen. Da keine Schwadenbildung auftritt, kann er nicht nur im Waschhaus, sondern auch in der Küche oder im Wohnraum gebraucht werden. Der Apparat ist sehr wirtschaftlich. Die kleinere Größe hat einen Energieverbrauch von 650 W. Da er während der Nachtzeit angeschlossen wird, so sind besonders bei niedrigem Nachtstromtarif die Betriebskosten sehr gering. Auch die Zeitersparnis ist von großer Bedeutung. Die Wäsche kann frühmorgens getrocknet werden, da sie in der Nacht gewaschen wird. Vorher wird sie von morgens bis abends in einer kalten Bleichsodalösung eingeweicht.

Die innere Einrichtung und die dadurch erreichte Wirkungsweise ähnelt derjenigen der bereits oben erwähnten Kaffeemaschinen, bei denen ebenfalls das im unteren Gefäßteile erzeugte heiße Wasser durch ein Sprudelrohr nach oben gedrückt wird und als kochender Regen den gemahlenen Kaffee von oben her durchdringt.

Bild 86. Elektrischer Rundofen „Protos".

Bild 87. Elektrischer Radiophor-Heizofen.

*Die Verwendung des elektrischen Stromes zum Beheizen von Räumen* aller Art kommt im allgemeinen nur dann in Betracht:

1. wenn billiger Strom entweder überhaupt oder wenigstens während der Nachtstunden zur Verfügung steht, oder
2. wenn bei normalen Strompreisen in den Übergangszeiten nur kurzzeitig ein verhältnismäßig geringer Wärmebedarf zu decken ist, oder
3. wenn es sich zu Zeiten besonders starker Kälte um Zusatzheizung handelt, oder endlich
4. in den Fällen, wo sowohl zur Erwärmung als auch zu Heilzwecken einzelnen Körperteilen Wärme zugeführt werden soll.

Für den Fall 1, also für Dauerheizung, stehen verschiedene Arten elektrischer Öfen zur Verfügung.

Der *regelbare Rundofen „Protos"* (Bild 86) ist in drei Stufen regelbar eingerichtet, und zwar für eine Stromaufnahme bis zu 1000 W für die Erwärmung auf + 20° C von 50 m³ Normalraum bei ± 0° C bzw. von 22 m³ Normalraum bei — 20° C Außentemperatur. Die größere Ausführung ist für die Stromaufnahme von 2000 W und 95 m³ Raum bei den gleichen Temperaturunterschieden hergestellt. Der Ofen ist leicht tragbar, kann also in verschiedenen Räumen angeschlossen werden.

*Radiophor-Heizkörper* (Bild 87) werden aus 4, 6, 8 oder 10 Einzelgliedern mit elliptischem Querschnitt zusammengesetzt, von denen es zwei Größen mit je 180 bzw. 300 W Stromaufnahme gibt. Sie erhöhen die Innentemperatur auf + 20° C bei ± 0° C Außentemperatur von etwa 9 bzw. 15 m³ Normalraum, bei — 20° C von 4 bzw. 7 m³. — Ihre Vorzüge sind die folgenden:

Infolge der geringen Oberflächentemperatur, die etwa der eines Kachelofens entspricht, und der ausschließlich glatten, senkrechten Flächen der Heizkörper ist Staubversengung und das Auftreten der sogenannten „trockenen Luft" vermieden.

Bei größter Oberfläche geringster Raumbedarf. Gute Luftzirkulation und dadurch schnelle und gleichmäßige Erwärmung des zu heizenden Raumes infolge Schornsteinwirkung der röhrenförmigen Heizkörper mit elliptischem Querschnitt.

Unbegrenzte Lebensdauer der Heizkörper durch Abschluß des Widerstandsmaterials von der Luft.

Bedeutende Ersparnis an Betriebskosten durch die selbsttätige Regelung der Temperaturen mit dem „Thermosens".

Die Wirkung des selbsttätigen Temperaturreglers „Thermosens" beruht auf der Wärmeausdehnung einer temperaturempfindlichen, halbkreisförmig gebogenen Bimetallfeder, die über einen von ihr bewegten Hebel und eine einstellbare Kontaktstange einen Schwachstromkreis schließt oder öffnet. Dieser ist bei Wechselstrom an die Niederspannungseite eines Klingeltransformators, bei Gleichstrom über einen Vorschaltwiderstand an das Netz angeschlossen. Durch den Schwachstrom wird über eine Relaisspule ein Kippschalter betätigt, der den eigentlichen Heizstrom aus- und einschaltet.

*Elektrische Wärmespeicheröfen* (Bild 88) lösen in ähn-

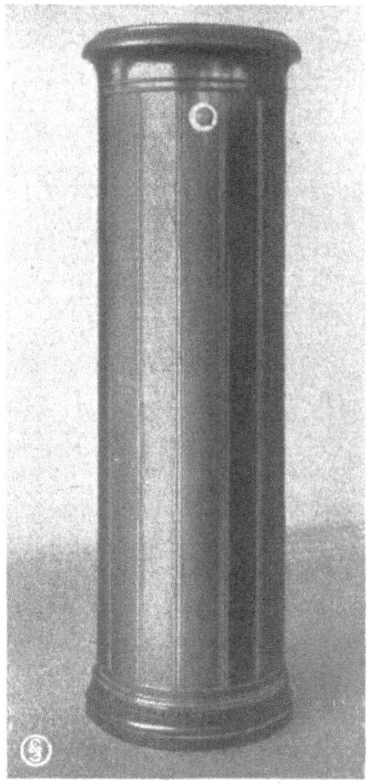

Bild 88. Elektrischer Wärmespeicher, Speicherofen 5 kW.

Bild 89. Elektrischer Wärmespeicher. Kachelofen in der Diele.

Bild 90. Protos-Strahlungsofen.

licher Weise wie die obenerwähnten elektrischen Heißwasserspeicher die Aufgabe, elektrische Kraft in Form von Wärme aufzuspeichern. Ihre Anwendung ist also dort am Platze, wo billiger Nachtstrom erhältlich ist. In der Regel werden solche Öfen acht Stunden täglich angeheizt (z. B. von 10 Uhr nachts bis 6 Uhr früh) und geben dann während der übrigen 16 Stunden die aufgespeicherte Wärme ab. In Wohnräumen verwendet man zumeist Kachelöfen, welche die elektrische Heizeinrichtung und die Wärmespeichermasse eingebaut erhalten (Bild 88). Sie können in bezug auf äußere Form, Farbe und Ausstattung jedem Stil und Geschmack angepaßt werden. In technischer Beziehung wird der Zweck des Wärmespeichers am besten erreicht, wenn der Kachelofen außen eben und weiß glasiert ist.

Während die Wärmespeicheröfen fast ausschließlich für die dauernde und ausreichende Beheizung von Wohn- und Betriebsräumen Verwendung finden, lassen sich die anderen bereits beschriebenen Ofenarten außerdem auch zu den unter 2. und 3. erwähnten Zwecken benutzen, d. h. zur Übergangs- und Zusatzbeheizung, so daß sie also nur zeitweise in Tätigkeit treten, während sonst die normale Heizung durch Verbrennungsöfen oder Sammelheizanlagen (Dampf, Heißluft und Warmwasser) bewerkstelligt wird. Zu den elektrischen Heizvorrichtungen, die ausschließlich den Zwecken unter 2. und 3. dienen, gehören die folgenden:

Die *Protos-Strahlungsöfen* (Bild 90) haben einen parabolisch geformten und hochglanzpolierten Strahler, sowie einen durch einen vorgelagerten Ring gegen Berührung geschützten Heizkörper, dessen Längsachse mit der des Parabolstrahlers zusammenfällt. Der Heizkörper besteht aus einer Chromnickeldrahtspirale, die auf einem Körper aus feuerfestem Stoff befestigt ist. Seine Lebensdauer entspricht der einer Glühlampe.

Bild 91. Elektrischer Fußwärmer.

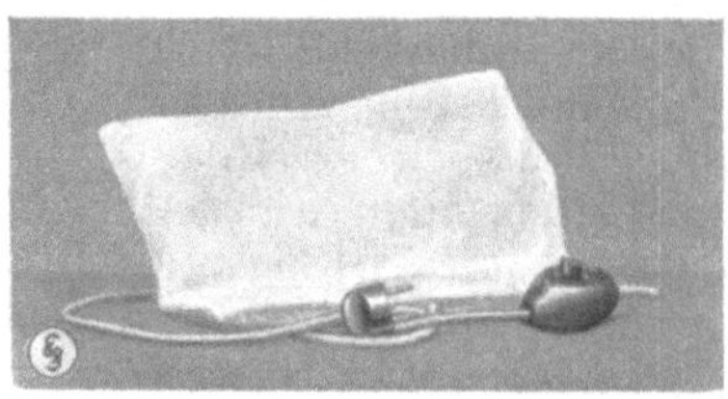

Bild 92. Elektrisches Heizkissen mit Birkaregler.

Strahlungsöfen dienen zur örtlichen Erwärmung (Einzelplatzbeheizung) besonders in den Übergangszeiten und an kalten, regnerischen Tagen im Sommer, sowie als Zusatzheizung an sehr kalten Wintertagen.
Strahlungsöfen geben sofort nach dem Einschalten fühlbare Wärme ab, die Anheizzeit kommt hier in Fortfall. Die im Heizkörper erzeugte Wärme wird durch den blanken Strahler in der eingestellten Richtung ausgestrahlt. Er ist so durchgebildet, daß ein gefährlicher Brennpunkt vermieden und eine Gefährdung von Personen oder Gegenständen nicht möglich ist.

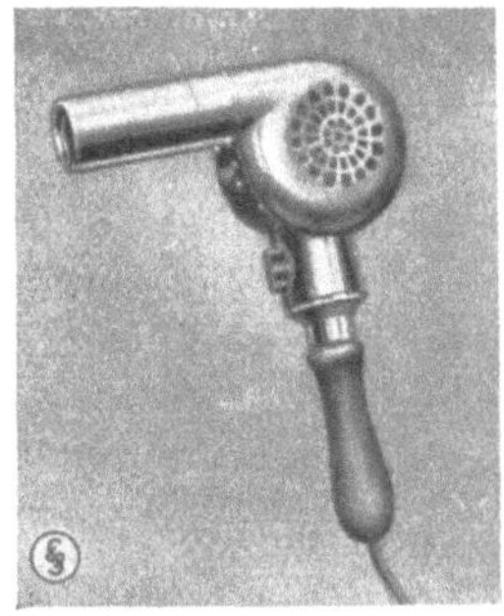

Bild 93. Elektrischer Haartrockenapparat.

Das geringe Gewicht der Öfen gestattet ihre vielseitige Verwendung im Arbeitszimmer, Schlafzimmer, Badezimmer, Kinderzimmer usw. Auch zum Anwärmen und Trocknen von Wäschestücken werden sie gern verwendet. Zur Heilbestrahlung bei Erkältungskrankheiten eignen sich Strahlungsöfen vorzüglich; sie sind somit in jedem Haushalt mit Nutzen verwendbar.
Zu den unter 4. angegebenen elektrischen Heizgeräten gehören die *Fußwärmer* (Bild 91), *Heizkissen* (Bild 92) und *Haartrockenapparate* (Bild 93), die hier jedoch nur der Vollständigkeit halber aufzuführen sind.

### c) Elektrofutteranlagen.

Eine eigenartige, wirtschaftlich und landwirtschaftlich bedeutsame Anwendung der Eigenschaft des elektrischen Stromes, beim Durchgang durch einen Widerstand diesen zu erwärmen, wird bei dem neuen Verfahren zur Haltbarmachung saftigen Grünfutters durch Elektrizität ausgenutzt.
Das Bedürfnis, die im Inlande erzeugten pflanzlichen Futtermittel so haltbar zu machen, daß sie in der vegetationslosen Zeit als Stallfütterung in hinreichender Menge verfügbar sind, ist in Deutschland nie so stark empfunden worden, wie während des Krieges und nach ihm, weil uns erst die Blockade und dann unsere niedrige Valuta und die kostspieligen Schiffs- und Bahnfrachten den Bezug von Futtermitteln aus dem Auslande nahezu unterbunden haben.
Das älteste und heute noch am meisten angewendete Verfahren, Futtermittel haltbar zu machen, besteht im Trocknen an der Luft, mit anderen Worten in der Heubereitung, wozu sich nur eine beschränkte Anzahl von Pflanzenarten eignet, wie z. B. Gras und Klee. Bei dem Trocknen und bei dem wiederholten Wenden dieser Futterpflanzen, bei dem Transport und beim Lagern auf dem Heuboden entstehen durch Abfallen von Pflanzenteilen, infolge Auslaugens durch Regen und durch Gärungsvorgänge Gewichts- und Nährstoffverluste, die bis zu 50% betragen können. Dieses Heu ist leicht brennbar, verlangt wegen seines lockeren Ge-

füges ziemlich viel Platz für seine Aufbewahrung, erfordert zu seiner Bereitung erhebliche menschliche und Gespannarbeit, und seine Güte und Einbringung hängt in hohem Grade von den Witterungsverhältnissen während des Trocknungsvorganges ab. Da ein Trocknen auf künstlichem Wege wegen der hohen Feuerungs- und Anschaffungskosten für die dazu erforderlichen Einrichtungen ausgeschlossen ist, hat man schon seit längerer Zeit andere Wege zur Haltbarmachung der Futterpflanzen eingeschlagen. Das älteste dieser Verfahren erzeugt das sogenannte Sauerfutter und besteht darin, daß man die aufzubewahrenden Pflanzen in Erdgruben unterbringt und feststampft, worauf sich zunächst eine natürliche oder durch Impfung geförderte Gärung einstellt, die die Bildung von Essig-, Butter- und Milchsäure zur Folge hat. Dadurch wird das pflanzliche Leben zerstört und das Futter, wenn es durch Abdeckung von der Außenluft abgesperrt wird, haltbar gemacht. Der Nachteil dieses verhältnismäßig einfachen und billigen Verfahrens besteht in dem Verlust an Nährstoffen beim Gärungsvorgange und in dem unerwünschten Butter- und Essigsäuregehalt, der leicht zur Ernährungstörung führt, dem Futter einen unangenehmen Geruch verleiht und auf Menge und Geschmack der Milch ungünstig einwirkt.

In geringerem Maße treten diese Übelstände auf bei den hauptsächlich in Amerika zur Aufbewahrung dienenden turmähnlichen Silos (Silage, Ensilage) von etwa 12 m Höhe, die von oben mittels Höhenförderern eingefüllt und durch seitliche Öffnungen entleert werden. Für Deutschland eignen sich derartige Silos im Hinblick auf die uns zur Verfügung stehenden Futterarten weniger als für Amerika, wo hauptsächlich Mais im Reifezustand in Betracht kommt.

Die in der Schweiz in hoher Blüte stehende Vieh- und Wiesenwirtschaft förderte hier die Bemühungen um eine Verbesserung der Futterkonservierung und führte zur Durchbildung des sogenannten Süßpreßfutterverfahrens, das seine Entstehung dem Engländer George Fry verdankt. Das Wesen dieses Verfahrens besteht darin, daß das frische Futter in Behältern von quadratischem, sechseckigem oder rundem Querschnitt locker eingefüllt wird und daß unter dem Einflusse des Sauerstoffes der atmosphärischen Luft eine natürliche Erwärmung bis etwa 50° C entsteht, die den butter- und essigsäurebildenden Bakterien ihre Lebensbedingungen entzieht und diejenigen der Milchsäure verbessert. Wenn daraufhin durch Zusammenpressen des Futters mittels geeigneter Vorrichtungen die Luft weitgehend entfernt, der weitere Luftzutritt durch Abdeckung verhindert und schließlich die Masse abgekühlt wird, entsteht ein haltbares Futter mit angenehmem Geschmack und Geruch. Da jedoch diese Erwärmung auf Kosten des Stickstoffgehaltes im Futter geschieht und da der Erfolg dieses Verfahrens in hohem Grade von dem dazu erforderlichen richtigen Wassergehalt des Futters, also vom Reifezustand und den Witterungsverhältnissen, und schließlich von der Sorgfalt des Bedienungspersonals beim Einfüllen abhängt, bemühte sich Th. Schweizer, diese Mängel durch Zuführung der Wärme von außen her zu beseitigen. Nach zahlreichen und eingehenden Versuchen gelangte er zur Verwendung des elektrischen Stromes als Mittel, beim Durchgang durch das in einem Behälter aufgespeicherte Grünfutter dieses verhältnismäßig schnell und gleichmäßig zu erwärmen. Um das Futter leitend zu machen, müssen durch Häckseln oder Zerreißen die Pflanzenzellen dem Stromzutritt zugängig gemacht werden. Es gelingt auf diesem Wege, ohne nennenswerte Nährstoffverluste ein von schädlichen Säuren nahezu freies und milchsäurereiches, dauerhaftes Futter zu erzeugen, das vom Vieh gern aufgenommen wird und dessen Zubereitung unabhängig von den Witterungsverhältnissen und weniger beeinflußt von der Sorgsamkeit der Bedienung ist.

In volkswirtschaftlicher Beziehung besonders bemerkenswert ist die Tatsache, daß sich aus den soeben angegebenen Gründen auch solche Futterpflanzen z. B. Grünmais, Leguminosen u. a. m., haltbar machen lassen, die auf der gleichen Bodenfläche einen erheblich größeren Ertrag bringen, als die bis jetzt bei uns allgemein dafür verwendeten Pflanzen. Daraus ergibt sich der wirtschaftliche Vorteil des Elektrofutterverfahrens, daß entweder bei gleicher Anbaufläche die Viehhaltung erheblich vermehrt werden kann oder daß bei gleichbleibender Viehhaltung beträchtliche Bodenflächen zum Anbau hochwertiger Nutzpflanzen für die unmittelbare Ernährung der Menschen frei werden. Außerdem hat der hohe Stickstoffgehalt des Elektrofutters eine Vermehrung und Verbesserung der Milcherzeugung (höheren Fettgehalt!) zur Folge, und es wird die Entstehung wertvollen natürlichen Düngers gefördert. Wird hierdurch die Möglichkeit gegeben, den Bezug von Futtermitteln aus dem Auslande zu vermeiden, was besonders zu begrüßen ist, so wirkt überdies die oben erwähnte Unabhängigkeit von den wechselnden Witterungsverhältnissen außerordentlich wohltätig auf den Arbeitsplan des Landwirts ein, indem eine gleichmäßigere Verteilung und Ausnutzung der Arbeiter und Gespanne herbeigeführt wird.

Das Elektrofutterverfahren wird in zwei Ausführungsformen angewendet, und zwar als Elektrofutter-Turmanlage und als Elektrofutter-Grubenanlage.

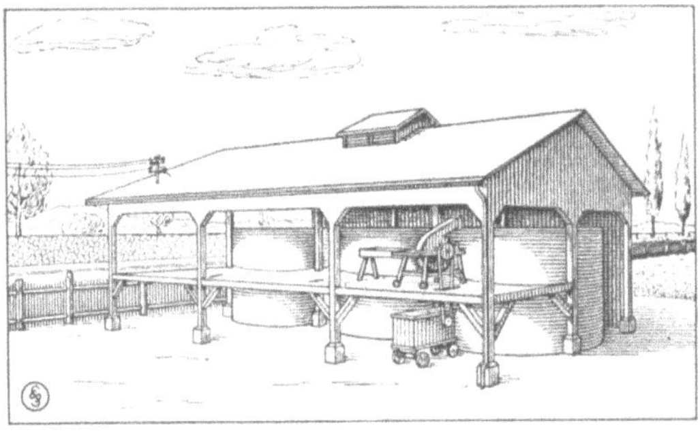

Bild 94. Turmanlage, bestehend aus drei Behältern. Ausreichend für den Winterbedarf von etwa 30—40 Stück Großvieh. Beschickung durch fahrbare Häckselmaschine auf Holzpodium.

Die für die *Elektrofutter-Turmanlagen* verwendeten Behälter (Türme) hatten bisher in der Regel einen vier-, sechs-

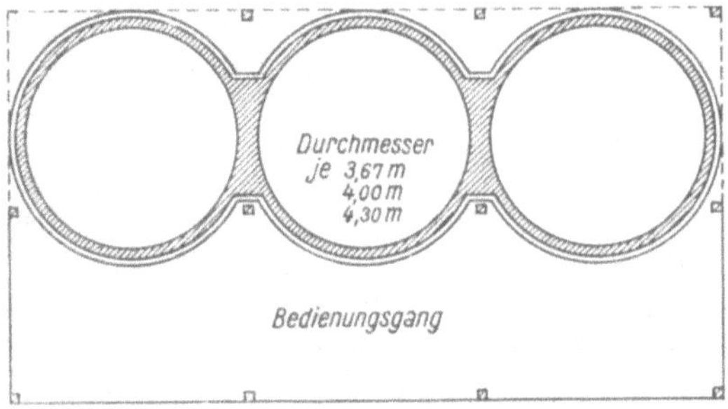


Bild 95. Grundriß einer Elektrofutter-Trockenanlage.

oder achteckigen Querschnitt und waren aus besonderen Tonhohlsteinen hergestellt, in die zur Erhöhung der Festigkeit des Bauwerkes Rundeisenstäbe eingelegt wurden. Neuerdings werden die Türme mit Platten besonderer Art aufgebaut, die die Ausführung runder Grundrißform gestatten (Bild 94 und 95). Diese Platten werden zur Verbesserung der Wasser- und Stromundurchlässigkeit besonders imprägniert. Die Türme werden mit einem lichten Durchmesser von 3,7 bis 4,3 m und einer Höhe von 4—5,5 m hergestellt, so daß ihr Gesamtfassungsraum je 42—80 m³ oder 670—1300 Zentner Futter beträgt. Die Größe und Anzahl der Behälter ist abhängig von der Größe des Viehbestandes bzw. von der Menge des aufzubewahrenden Futters und ihre Lage von der Anordnung der Ställe. Wenn angängig, bringt man sie in vorhandenen Scheunen unter, hat aber im übrigen darauf zu achten, daß die Anfuhr des geernteten und das Einbringen des zerkleinerten Frischfutters ebenso wie das Fortschaffen des haltbar gemachten Futters aus den seitlichen Öffnungen der Behälter nach den Ställen möglichst wenig Kraft- und Zeitaufwand erfordert. Deshalb ist die zweckmäßige Planung jeder Elektrofutteranlage abhängig von den verschiedenen örtlichen, baulichen und von den Geländeverhältnissen des betreffenden Gutes. Zu dieser Planung gehören nicht nur die baulichen, sondern auch die maschinentechnischen Aufgaben, insbesondere der beste Aufstellungsort und die

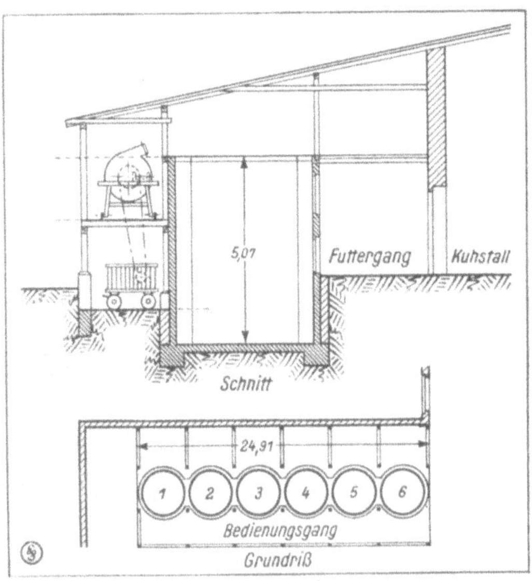


Bild 96. Schema einer 6-Behälter-Elektrofutter-Turmanlage mit Zubehör.

zweckmäßigste Konstruktion der Zerkleinerungsmaschine, sowie die richtige Auswahl kraftsparender Beförderungseinrichtungen, falls solche überhaupt notwendig und zweckmäßig erscheinen (Bild 96).

*Die elektrische Einrichtung der Elektrofutter-Turmanlagen* ist verhältnismäßig einfach. Von dem Gutstransformator oder einer geeignet gelegenen Stelle des vorhandenen Niederspannungsnetzes wird eine Leitung möglichst mit besonderem Zähler nach einer in unmittelbarer Nähe der Futteranlage angebrachten Schalttafel geführt, auf der die Sicherungen, Schalter und für jeden Behälter ein Stromzeiger angebracht sind. Die in Drehstromnetzen in der Regel verfügbaren Spannungen von 220 V zwischen Phase und Nullpunkt sind ohne weiteres verwendbar. Man setzt mit Rücksicht auf möglichst gleichmäßige Belastung der drei Phasen, wenn irgend tunlich die Turmanlage aus drei Behältern oder einem Mehrfachen davon zusammen und verbindet damit den Vorteil, daß man das täglich eingebrachte Futter auf eine große Gesamtfläche mit wünschenswert geringer Schichthöhe verteilen kann, während man beim Ausfüllen dagegen immer nur einen Behälter zu öffnen braucht und dann das Futter dieses Behälters jeweils tiefer abheben kann, was eine Verringerung der dabei infolge Luftzutrittes möglichen Futterverluste bedeutet.

Ist der der Elektrofutteranlage vorgeschaltete Transformator, wie es in den meisten Fällen üblich ist, in Dreieck-Stern oder Stern-Doppelstern geschaltet, dann ist das Anschließen nur eines der drei Behälter, also die Belastung nur einer Phase des Dreileiternetzes, ohne schädlichen oder störenden Einfluß auf die Spannung der beiden unbelasteten Phasen. Ist der Transformator dagegen Stern-Stern geschaltet, dann ist es zur Vermeidung solcher Spannungsstörungen erforderlich, zwei kleine Ausgleichtransformatoren in Scottscher Schaltung in die zu belastenden Phasen einzufügen oder den Transformator auszutauschen.

Von der oben erwähnten Schalttafel führt eine einadrige Leitung nach jeder der über den Behältern angebrachten Steckdosen, an die mittels Stecker eine biegsame einadrige Leitung angeschlossen wird, deren anderes Ende mit dem oberen Deckelpol des Behälters verbunden ist. Um das Abheben und Auflegen zu erleichtern und ein nachgiebiges Aufliegen auf der Futtermasse zu erzielen, zerlegt man diesen Deckelpol in mehrere einzelne Teile, deren metallischer Belag durch je eine biegsame isolierte Kupferader mittels einer Kabelverteilungsklemme mit der oben erwähnten Zuleitung verbunden wird.

Die auf dem Behälterboden liegenden Bodenpole werden als zusammenhängendes Ganze an den gemeinsamen Nulleiter des Drehstromnetzes angeschlossen.

Will man die Behälter füllen oder entleeren, dann müssen zunächst bei ausgeschalteter Zuleitung die oberen Polplatten abgehoben werden, was zweckmäßig mittels Ketten und Haken geschieht. Hat man das am Tage geerntete, herangefahrene und zerkleinerte Futter in die Behälter eingefüllt und gleichmäßig festgetreten, dann werden die oberen Polplatten bis auf die Futteroberfläche heruntergelassen und die Leitungsverbindungen mit der Steckdose hergestellt. Darauf schließt man die Schalter der Schalttafel und beachtet die Stromzeiger. Zunächst wird man eine ziemlich geringe Stromstärke feststellen, deren Größe von dem Behälterquerschnitt, der Spannung, der Futterart und dem Grad ihrer Zerkleinerung abhängt und die allmählich in demselben Maße zunimmt, wie das Absterben der Pflanzenzellen fortschreitet und die Temperatur wächst. Sobald diese Temperatur im Futterstock eine durchschnittliche Höhe von 45 bis 50° C erreicht hat, ist der Strom auszuschalten, denn dann ist der Zustand der Haltbarkeit erreicht. Im Zweifelsfalle kann man auch den im Verhältnis zur Menge des behandelten Futters aufgewendeten Stromverbrauch zur Beurteilung heranziehen, nachdem man durch die Erfahrungen in der eigenen Anlage für die verschiedenen Futterarten und Außentemperaturen die entsprechenden Stromverbrauchszahlen in kWh je Zentner festgestellt hat. Für Überschlagsrechnungen kann man etwa 1,5 kWh je Ztr. annehmen. Der Landwirt wird übrigens durch Geruch und Aussehen des vom Strom durchflossenen Futters sehr bald ein zuverlässiges Urteil darüber gewinnen, ob dieses als fertig konserviert zu betrachten ist. Nach Beendigung des Verfahrens ist Sorge dafür zu tragen, daß die Oberfläche des Futterstockes gegen das Eindringen von Luft und schädlichen Bakterien durch Abdecken mit plastischem Lehm von 5 bis 10 cm Schichtstärke und mit Erde geschützt wird. Das Entleeren der Turmbehälter geschieht durch seitliche Öffnungen, deren Verschlußvorrichtungen ebenfalls der Forderung zuverlässigen Luftabschlusses entsprechen müssen.

Bild 97. Mauerwerk einer Elektrofutter-Grubenanlage.

*Elektrofutter-Grubenanlagen (System Pfister).* Die guten Erfahrungen, die zielbewußte Landwirte mit den Elektrofutter-Turmanlagen in größeren Betrieben gesammelt haben, legten den Gedanken nahe, das Verfahren auch dem Klein- und Mittelbesitz zugängig zu machen. Das Ergebnis dieses Strebens sind die Grubenanlagen, deren Kennzeichen, wie schon der Name erkennen läßt, die Gruben sind, die hier an Stelle der gemauerten Türme zur Aufnahme und zum Haltbarmachen des saftigen Grünfutters dienen. Sie werden zweckmäßigerweise ebenfalls ausgemauert und mit Zement verputzt. Dieses Mauerwerk bedeckt den Boden, die beiden Längsseiten und die eine Schmalseite der rechteckigen Grube und überragt den Erdboden um etwa 1 m (Bild 97). An der freien Schmalseite wird ein nach vorn schräg ansteigender Bedienungsraum angeordnet, dessen Fußboden und Seitenwände ebenfalls ausgemauert werden. Durch Vorsprünge an der Innenseite der Längswände wird die Grube in Abschnitte unterteilt, deren Zahl von der Menge des aufzubewahrenden Grünfutters abhängt. Im Bedarfsfalle werden zwei Gruben nebeneinander mit gemeinsamer Zwischenwand angelegt (Bild 98).

Die elektrische Einrichtung der Grubenanlagen weicht von der der Turmanlagen erheblich ab, wenn auch die elektrischen Grundlagen des Verfahrens dieselben bleiben. An Stelle der dort verwendeten Boden- und Deckelpole treten hier sogenannte Elektrodenstäbe, die in gewissen wage- und senkrechten Abständen in das Futter eingelegt werden. Man beginnt mit dem Einbringen des ebenfalls gehäckselten Grünfutters an der geschlossenen Schmalseite der Grube und begrenzt den davorliegenden ersten Abschnitt an der zunächst offenen Seite durch eine ortsveränderliche Lattenwand, die ihren Halt an den oben erwähnten gemauerten Vorsprüngen findet. In diesen nunmehr ringsherum geschlossenen Abschnitt füllt man eine Schicht Futter ein, verteilt dieses gleichmäßig und tritt es fest. Auf diese Futterschicht legt man eine gewisse Anzahl Elektrodenstäbe, indem man sie durch die senkrechten Schlitze der Lattenwand hindurchsteckt, so daß sie mit einem kurzen Stück, dem sog. Kopf, nach vorn hinausragen (Bild 99). In ähnlicher Weise werden weitere Schichten von Futter und Stäben aufgefüllt, bis der Grubenabschnitt voll ist. Da aber bei fortschreitendem Stromdurchgang das Futter zusammensinkt — die Stäbe folgen, da sie in Schlitzen geführt sind, dieser Bewegung nach unten —, so setzt man auf den Abschnitt einen ortsveränderlichen Holzkasten gleicher Grundfläche und mit der halben Grubenhöhe, den man ebenfalls vollfüllt und dessen Inhalt nach und nach in die Grube nachsinkt, so daß auf diese Weise der gesamte Fassungsraum des ummauerten Grubenabschnittes ausgenützt wird. Aus demselben Grunde muß natürlich die Lattenwand

Bild 98. Zwei Elektrofutter-Gruben verschiedener Breite.

die anderthalbfache Grubenhöhe haben. Die freien, aus der Lattenwand herausragenden Enden der Elektrodenstäbe werden reihenweise durch eine wagerechte Querschiene leitend miteinander verbunden. Jede dieser Querschienen wird mittels einer biegsamen Einzelleitung an eine Schaltwalze angeschlossen, die zusammen mit einem Netzschalter, drei Stromzeigern und den erforderlichen Schmelzsicherungen in einem leicht tragbaren Schaltkasten (Bild 100) vereinigt ist. Dieser wird ebenfalls durch eine biegsame Mehrfachleitung an das Leitungsnetz angeschlossen. Mit Hilfe der Schaltwalze kann man die einzelnen Stabreihen wechselnd mit den verschiedenen Phasen des Drehstromnetzes verbinden. Der Zementfußboden der Grube wird durch ein einbetoniertes Maschendrahtgewebe mit dem Nullpunkt verbunden, während die Grubenwände durch geeignete Mittel möglichst isolierend ausgeführt werden.

Bild 99. Einlegen der Elektrodenstäbe in eine Elektrofutter-Grubenanlage.

Es ist selbstverständlich, daß der Stromweg durch den Netzschalter des Schaltkastens erst dann geschlossen wird, wenn der Grubenabschnitt gefüllt ist und die Arbeiter nicht mehr mit dem eingefüllten Futter in Berührung stehen.

Ist der Vorgang des Haltbarmachens beendet, was man ebenso wie bei den Turmanlagen an der Temperatur, dem Aussehen und dem Geruch des Futters erkennt, dann wird der Strom abgeschaltet, die Verbindung zwischen den Querschienen und den Stäben gelöst, und dann werden letztere aus dem Futterstock herausgezogen. Die dadurch entstehenden Zwischenräume werden sofort durch den Gewichtsdruck im Futterstock ausgefüllt, und es wird dadurch die Luft herausgepreßt, deren Sauerstoff sonst das Futter ungünstig beeinflussen würde. Hierauf werden die Lattenwand und der Aufsatzkasten abgehoben und in den nächsten Abschnitt in gleicher Weise wieder eingebaut, so daß hier das Spiel von neuem beginnen kann. Schließlich sind hier ebenso wie bei allen anderen Verfahren, die derselben Aufgabe dienen, die freien Futterflächen gegen das Eindringen von Luft und Bakterien abzudichten, was am besten durch plastischen Lehm geschieht, der öfters anzufeuchten ist.

Wo die wirtschaftlich richtige Grenze zwischen Turm- und Grubenanlagen liegt, läßt sich nicht für alle Fälle gleichmäßig festlegen, wenn man sie auch erfahrungsgemäß mit 30 Stück Großvieh annimmt. Im allgemeinen gilt der Satz: Türme für den Großbesitz, Gruben für den Mittel- und

Kleinbesitz, wobei naturgemäß nicht die Größe der Bodenfläche, sondern der Viehhaltung ausschlaggebend ist.

Wichtig für die Entscheidung ist die Gesamtmenge des über den Winter aufzubewahrenden saftigen Grünfutters, sowie die Frage, welche größte Menge an einem Tage an die Behälter herangefahren und in ihnen haltbar gemacht werden kann. Man rechnet im Durchschnitt mit einem täglichen Verbrauch von 25 kg je Haupt Großvieh und mit jährlich 200 Stallfuttertagen. In einem Abschnitt der großen Grubenanlage können täglich etwa 900 kg, in die drei Behälter einer mittleren Turmanlage 14 000 bis 15 000 kg Futter eingefüllt werden. Da aber schließlich auch die örtlichen, klimatischen, elektrischen und baulichen Verhältnisse einen großen Einfluß auf den Entschluß in der Frage, ob im einzelnen Falle eine Turm- oder Grubenanlage vorzuziehen ist, ausüben müssen, empfiehlt es sich, im Zweifel einen Sachverständigen heranzuziehen, damit er vergleichende Betriebskostenberechnungen unter Berücksichtigung dieser für jeden Fall anders liegenden Verhältnisse aufstellt. Dabei sollte nie unterlassen werden, auf die Möglichkeiten gebührend zu achten, die die Anwendung des Elektrofutterverfahrens hinsichtlich der Erhöhung des Viehbestandes, des Zwischenfruchtbaues, der Art der Futterpflanzen usw. im Gefolge haben kann. Auch diese Erwägungen fallen in das Gebiet des Zusammenarbeitens zwischen Landwirt und Techniker unter besonderer Betonung des wirtschaftlichen Nutzens.

**Bild 100. Schaltkasten einer Elektrofutter-Grubenanlage.**

Gegen die Verwendung elektrischen Stromes zum Haltbarmachen saftiger Futtermittel wird besonders von den Verfechtern der ohne Strom arbeitenden Systeme der Einwand erhoben, daß sich dasselbe Ziel ohne die höheren Anlagekosten, die durch die elektrische Einrichtung veranlaßt würden, und ohne die laufenden Stromkosten erreichen ließen. In dieser allgemeinen Fassung ist der Einwand nicht berechtigt, wenn auch zugegeben werden darf, daß nicht unter allen Umständen das elektrische System anderen überlegen ist. Elektrofutter-Anlagen kommen vorzugsweise dort in Betracht, wo es sich um hochwertige und solche Futtermittel handelt, deren Haltbarmachung auf anderem Wege überhaupt nicht möglich ist, und wo aus wirtschaftlichen Gründen Gewicht darauf gelegt wird, den

Erfolg des Verfahrens möglichst unabhängig von den unvermeidlichen Schwankungen der Witterungsverhältnisse zu machen. Je mehr z. B. die Bestrebungen der Grünlandbewegung in bezug auf Sortenauswahl, Saatzucht und Behandlung der Wiesen und Futterschläge Erfolg haben werden, desto wertvoller und notwendiger werden sich die Elektrofutter-Anlagen erweisen.

Zur erfolgreichen Durchführung derartiger Verfahren gehören nicht nur richtige wissenschaftliche Grundlagen und zweckentsprechende technische Einrichtungen, sondern auch, und nicht zuletzt, Landwirte, die ihr Fach vollständig beherrschen und mit Überlegung die erwähnten Hilfsmittel so anwenden, daß ein Höchstmaß an Leistung das Ergebnis ihres Forschens und Denkens ist. Die Zusammenfassung solcher landwirtschaftlicher Anlagenbesitzer mit Wissenschaftlern und Technikern hat durch Versammlungen und Veröffentlichungen die Erkenntnis der Grundlagen und der Nutzanwendung des Elektrofutter-Verfahrens außerordentlich gefördert und anregend gewirkt. In den Kreisen der Elektrofutter-Anlagenbesitzer gewinnt die Überzeugung immer mehr Raum, daß das von ihnen seit Jahren angewendete Verfahren nicht vorzugsweise als Retter schlechter oder dem Verderben anheimfallender Futtermassen angesehen werden darf, sondern daß es in erster Linie für hochwertige eiweißreiche Grünfuttermassen bestimmt ist. Die erste Vorbedingung hierzu ist die zweckmäßige Eingliederung der Elektro-Futteranlage in den ganzen Wirtschaftsplan. Dazu gehört außer den bereits oben erwähnten Zielen der Grünfutterbewegung besonders die ausgedehnte Ausnutzung eines wohlüberlegten Zwischenfruchtbaues, wodurch allein schon die Wirtschaftlichkeit des Verfahrens gesichert wird. Das fällt besonders in solchen Zeiten wie den jetzigen ins Gewicht, wo die Wirtschaftlichkeit des Getreidebaues immer geringer wird und die Landwirtschaft lediglich auf Ertragsteigerungen aus der Viehhaltung (Milch, Fleisch, Fett usw.) angewiesen ist.

Zur Kennzeichnung zielbewußten Vorgehens, um aus dem Verfahren das Möglichste herauszuholen, möge die Analyse auf Seite 87 eines kürzlich aus einer Turmanlage gewonnenen, haltbar gemachten Grünfutters dienen.

Der hohe Milchsäuregehalt von 1,791 % bezogen auf die Gesamtmenge, für die der sehr große Wassergehalt von 71,95 % kennzeichnend ist, wurde dadurch erreicht, daß diesem Gemenge eine geringe Menge von Kartoffelflocken zugesetzt wurde. Dadurch wurde das wünschenswerte Aufsaugen der überschüssigen Flüssigkeit erreicht, so daß die Anfangsstromstärken die gewünschte Höhe trotz des außerordentlich hohen Wassergehalts nicht überschritten. Außerdem bilden die Kartoffelflocken einen sehr günstigen Nährboden für die Milchsäure und ein ernährungsphysiologisch ausgezeichnet verwertbares Futtermittel, so daß das Ergebnis des Verfahrens in diesem Falle als besonders beachtlich angesprochen werden kann.

Tafel 2. Analyse eines durch elektrischen Strom haltbar gemachten Futtergemenges aus Pferdebohnen, Wicken, Peluschken und Hafer mit Zusatz von Kartoffelflocken.

| Nr. | Bestandteile | Gehalt in Hundertteilen, bezogen auf | |
|---|---|---|---|
| | | die Gesamtmenge | die Trockensubstanz |
| 1 | Wasser | 71,95 | — |
| 2 | Trockensubstanz | 28,05 | 100,00 |
| 3 | Gesamtsäure, frei | 2,075 | 7,38 |
| 4 | Essigsäure: a) frei | 0,284 | 1,012 |
| | b) gebunden | 0,285 | 1,014 |
| 5 | Buttersäure: a) frei | 0,0 | 0,0 |
| | b) gebunden | 0,0 | 0,0 |
| 6 | Milchsäure, frei | 1,791 | 6,376 |
| 7 | Rohprotein | 3,805 | 12,885 |
| 8 | Reinprotein | 2,815 | 10,020 |
| 9 | Amidsubstanzen | 0,790 | 2,865 |
| 10 | Ammoniak | 0,0 | 0,0 |
| 11 | Asche | 2,8 | 9,975 |

Die Frage, ob man den beim Stromdurchgang aus dem Futterstock austretenden Saft, der sich unten in den Behältern sammelt, darin belassen oder abführen soll, um ihn z. B. mit Häcksel zu mischen und dadurch seinen Nährstoffgehalt auszunutzen, ist noch nicht für alle Fälle ganz einwandfrei geklärt. Man hält es für richtig, unter allen Umständen den Saft während des Stromdurchganges abzulassen und ihren Futterbehältern eine geneigte Sohle zu geben, die mit einer Saft-Sammelgrube durch entsprechende Röhren verbunden wird.

Abgesehen von den Vorteilen, die dem einzelnen Besitzer einer Elektrofutteranlage aus der Steigerung des Milchertrages und des Fleischgewichtes bei gleichbleibender Futterernte oder aus dem Mehrertrage der Futtermenge durch Anbau bisher fürs Konservieren nicht geeigneter Pflanzen bei gleicher Anbaufläche oder aus wohltätigem Einflusse des Verfahrens auf seinen gesamten Wirtschaftsplan erwachsen, ist volkswirtschaftlich beachtenswert die dadurch ermöglichte Unabhängigkeit vom Bezuge der Futtermittel aus dem Auslande und schließlich die Vermehrung der Stromabgabe der ländlichen Überlandwerke ohne Verstärkung der Stromerzeugungs- und Leitungsanlagen. Auch hier spielt der Nachtstrom, über den schon an anderer Stelle das Erforderliche gesagt wurde, eine ausschlaggebende Rolle. Durch die erhöhte Stromabgabe wird die Wirtschaftlichkeit verbessert und infolgedessen die Möglichkeit geschaffen, die Strompreise zu ermäßigen, was dann natürlich auch den anderen Anwendungsgebieten elektrischen Stromes in der Landwirtschaft, damit aber dieser selbst und letzten Endes der Allgemeinheit zugute kommt.

### d) Die elektrische Heißwasserbeize.

Die Bestrebungen, den Ertrag landwirtschaftlichen Wirkens zu erhöhen, haben u. a. nicht nur zur Verbesserung des Saatgutes durch zielbewußtes Züchten, sondern auch dazu geführt, die Schädlinge des Pflanzenwachstums zu bekämpfen. Abgesehen von den Lebewesen, die die wachsende Pflanze von außen angreifen, hat sich der landwirtschaftliche Pflanzenschutz vorzugsweise auf die Krankheiten zu erstrecken, die durch Keimlings- oder Blüten-Infektion hervorgerufen werden. Durch Keimlings-Infektion werden z. B. der Weizensteinbrand, der Gerstenhartbrand, die Streifenkrankheit der Gerste, der gedeckte oder nackte Haferbrand und der Roggenstengelbrand hervorgerufen, während durch Blüteninfektion der Gersten- und Weizenflugbrand veranlaßt werden kann. In beiden Fällen werden diese Krankheiten durch Sporen veranlaßt, die bei der Keimlingsinfektion außen am Saatgut haften, bei der Blüteninfektion dagegen auf die Narbe eines Getreideblütchens einwirken und hier einen Keimschlauch bilden, der in die Samenanlagen des Fruchtknotens hinabwächst. Zur Vernichtung dieser Sporen benutzt man schon seit längerer Zeit Beizmittel, die in Form der Trockenbeize oder der Heißwasserbeize angewendet werden. Es ist hier nicht der Ort, um auf das Für und Wider, sowie auf die Anwendung und Durchführung der verschiedenen Verfahren näher einzugehen, sondern es soll nur darauf hingewiesen werden, daß auch bei dem Heißwasser-Beizverfahren ähnlich wie bei dem oben geschilderten Elektrofutter-Verfahren der elektrische Strom zur Erzeugung von Wärme in dem zu behandelnden Saatgut mit Vorteil verwendet werden kann. Dieses elektrische Verfahren ist durch die Herren Dr. Ernst Tamm und B. Husfeld an der Landwirtschaftlichen Hochschule Berlin entwickelt worden, und die dazu nötigen technischen Einrichtungen werden zur Zeit von der Maschinenfabrik E. Neuhaus in Eberswalde geliefert. Es kommt nach den Darlegungen der Erfinder hauptsächlich darauf an, daß das Saatgut mit der Beizflüssigkeit in ganz kurzer Zeit auf 51° C gebracht und während der Behandlungsdauer von 8 Minuten genau auf dieser Temperaturhöhe erhalten bleibt. Es ist außerdem der Anlage- und Betriebskosten wegen wünschenswert, besondere Feuerstätten oder Dampferzeugungsanlagen (Dampfkessel usw.) zu vermeiden und eine wenig Platz beanspruchende, sowie leicht bedienbare Einrichtung zu schaffen. Der elektrische Strom ermöglicht die Erfüllung dieser Wünsche in hohem Maße; insbesondere ist die genaue Wärmeregelung nur auf diesem Wege möglich. Um eine schädigende Temperatur-Erhöhung über 51° C zu verhindern, ist das Thermometer mit einer elektrischen Alarmvorrichtung verbunden. Gleichstrom kann wegen der durch ihn bewirkten Wasserzersetzung und der sonstigen chemischen Wirkungen nicht benutzt werden, wohl aber ist der meistens verfügbare niedergespannte Wechselstrom anwendbar. In Drehstromnetzen wird das Beizgefäß in drei gleich große Räume unterteilt, die an zwei gegenüberliegenden Innenwänden Blei-

platten-Elektroden tragen, die je an den Nulleiter und eine Phase selbsttätig angeschlossen werden, wenn der gemeinsame Gefäßdeckel aufgeschraubt und der Stromkreis durch den Schalter geschlossen wird.
Die Frage, ob sowohl bei dem Elektrofutter- als auch beim elektrischen Heißwasser-Beizverfahren der elektrische Strom außer der gleichmäßigen Erhitzung auch noch andere nützliche Wirkungen auf die zu behandelnden Stoffe ausübt, ist noch nicht einwandfrei entschieden und unterliegt weiteren Versuchen und Forschungen.

# IV. Installationsmaterial und seine Anbringung in landwirtschaftlichen Wohn- und Betriebsräumen.

## A. Allgemeines.

Unter Installationsmaterial versteht man alle Teile einer elektrischen Stromverteilungsanlage, die zwischen der Zählertafel (bei Zuführung des Stromes aus fremden Quellen) oder der Schalttafel im Maschinenraum (bei eigener Stromerzeugung) einerseits und sämtlichen Stromverbrauchstellen andererseits liegen.
Die Konstruktion und Ausführung der hierzu gehörigen Leitungen, Schalt-, Sicherheits- und Anschlußapparate, sowie ihre Anbringung und Befestigung innerhalb und außerhalb haben der Grundforderung zu entsprechen: *Schutz gegen Austritt des Stromes aus den ordnungsgemäß geplanten und verlegten Stromwegen.*
Der Schutz ist nötig, weil dieser Stromaustritt Geldverlust, Brandgefahr, mittelbare Explosionsgefahr und Schädigung der Gesundheit von Menschen und Tieren im Gefolge haben kann. Deshalb müssen alle stromführenden Teile verschiedener Polarität gegeneinander und gegen die Erde abgeschlossen, d. h. isoliert sein. Blanke Leitungen (Kupfer, seltener Aluminium oder Eisen), die vorzugsweise im Freien verwendet werden, verlegt man deshalb auf Porzellan-Isolierglocken so, daß sie der unbeabsichtigten Berührung durch Menschen und Tiere entzogen sind und daß die Entfernung zwischen verschiedenen Polen einen Stromübergang durch die sie umgebende Luft ausschließt. Die der Berührung zugängigen Leitungen werden mit isolierenden Stoffen umhüllt und vielfach in Rohren untergebracht, die außerdem einen gewissen mechanischen Schutz gewähren.
Diese Maßnahmen gelten sinngemäß auch für die stromführenden Teile der Apparate (Schalter, Sicherungen, Fassungen u. a. m.) und finden darin Ausdruck, daß man diese Teile auf isolierenden Grundplatten in ausreichender Entfernung voneinander unterbringt und durch Schutzkappen nach außen abschließt.
Die Leitungswege werden in erster Linie durch die Lage der Stromeinführungstelle in das Grundstück oder des eigenen Maschinenraumes und der verschiedenen Stromverbrauchstellen beeinflußt. Grundsätzlich ist

die kürzeste Verbindungslinie anzustreben, nur muß Rücksicht auf das Zusammenfassen benachbarter Stromverbrauchstellen zu Gruppen von Sicherungen und Schaltern, auf gefälliges Aussehen und darauf genommen werden, daß die der Bedienung bedürfenden Teile leicht zugängig sind. Die Wünsche und Forderungen des zukünftigen Anlagenbesitzers sind mit den allgemein gültigen und den besonderen Vorschriften des Stromlieferanten, sowie mit den fachlichen Kenntnissen und Erfahrungen des Anlagenherstellers in Einklang zu bringen. Unter Umständen ist es empfehlenswert, dafür den Rat eines unparteiischen Sachverständigen bei der Planung in Anspruch zu nehmen.

Die Auswahl der anzubringenden Leitungen und Apparate sowie die Ausführungsarbeiten selbst (Montage oder Installation) sollen unter Berücksichtigung der besonderen Verhältnisse im einzelnen Falle allgemein von der Forderung ausgehen, zweckmäßige und möglichst große Dauerhaftigkeit mit niedrigen Anlagekosten zu verbinden. Rücksicht ist hierbei darauf zu nehmen, daß die Höhe der Anlagekosten allein nicht das Entscheidende ist, sondern ihr wirtschaftlich gesundes Verhältnis zu den laufenden Instandhaltungs- und Betriebskosten und die Gewährleistung eines zuverlässigen, störungsfreien Betriebs.

Der Ausgangspunkt für die Verteilungsleitungen innerhalb des Grundstückes eines Anlagenbesitzers ist in der Regel der im Besitz des Stromlieferanten befindliche Stromzähler, der den zwischen 2 Ablesungen stattgefundenen Stromverbrauch in Kilowattstunden (kWh) feststellt und dadurch der Stromrechnung eine der erforderlichen Grundlagen verschafft. Falls für Licht-, Kraft- und Wärmeerzeugung verschiedene Einheitspreise tarifmäßig verrechnet werden, müssen getrennte Stromkreise verlegt und mehrere Zähler oder ein Mehrfachzähler aufgestellt werden, ebenso wenn für Tages- und Nachtstrom verschiedene Grundpreise gelten. Die Art und Zahl der Zähler ist also abhängig von der Tarifart, der Stromart und der höchsten zu messenden Stromstärke.

Unter den landwirtschaftlichen Betriebsräumen weisen die Ställe und die Milchkeller, sowie die zur Aufbewahrung leicht brennbarer Stoffe (Heu, Stroh usw.) dienenden Scheunen und Böden Verhältnisse auf, die an die Leitungen, ihre Verlegung und ihr Zubehör ganz besonders hohe Anforderungen stellen.

## B. Leitungen und ihre Verlegung.

### a) In feuchten Räumen.

In Ställen, Milchkellern usw. sind nicht nur der Wassergehalt der Luft und die Niederschlagswässer an Wänden und Decken, sondern auch das Vorhandensein ätzender Dünste von schädlichem Einfluß auf alle innerhalb dieser Räume untergebrachten Teile der Leitungsanlage. Die gefährlichsten Stellen befinden sich an den Leitungsübergängen vom Freien in die erwähnten Räume, weil hier infolge der Verschiedenheit der Temperatur innen und außen Niederschlagsfeuchtigkeit (Kondenswasser) besonders stark auftritt. Man hat bisher den hieraus erwachsenden Anforderungen mehr oder weniger erfolgreich dadurch zu entsprechen gesucht, daß man die Leitungen blank oder isoliert auf Isolierglocken oder Isolierklemmen ebenso wie die Sicherungen und Schalter außerhalb oder oberhalb der Ställe unterbrachte und die Lampen (Motoranschlüsse kommen im allgemeinen für Ställe nicht in Betracht) unmittelbar so an die Wanddurchführung anschloß, daß der Zutritt der Stalluft in den die Lampe und deren Fassung umschließenden Beleuchtungskörper und in die Durchführung verhindert wurde. Um das etwa hier trotzdem noch auftretende Niederschlagswasser unschädlich zu machen, mußte man für seine Ableitung nach außen Sorge tragen, wenn man nicht vorzog, die betreffenden Hohlräume mit einer isolierenden und abdichtenden Masse auszugießen. Eine dauernd zuverlässige Abdichtung wurde aber auch dadurch vielfach nicht erreicht, weil gerade an diesen Stellen die verschiedenen Ausdehnungs-Koeffizienten von Mauerwerk, Kitt und Metall unter dem Einflusse der wechselnden Temperaturen eine Lockerung herbeiführten.

Ließ die Größe der Ställe sowie die Lampenverteilung in ihnen derartige Anordnungen nicht zu, so war man gezwungen, wenigstens einzelne Leitungstrecken unter den größten Vorsichtsmaßregeln und mit entsprechend hohen Kosten innerhalb des Stalles zu verlegen. Aber auch hier gaben Bleikabel oder isolierte oder asphaltierte blanke Leitungen auf Isolierglocken keine Gewähr für praktisch dauernde Sicherheit gegen Austritt des Stromes, der, wenn er als starker, sogenannter Nebenschluß in die metallischen Teile der Stallausrüstung (Futterraufen, Rohrleitungen u. a. m.) gelangt, leicht dem in der nassen Streu stehenden oder liegenden Vieh lebensgefährlich werden kann. Deshalb ist es sehr zu begrüßen, daß es dem Kabelwerk der Siemens-Schuckertwerke nach langjährigen Mühen und Versuchen gelungen ist, eine inzwischen bereits an zahlreichen Orten praktisch bewährte Leitungsart mit Zubehör herauszubringen, die den Namen

*Anthygron-Leitung*

erhalten hat. Bei der Wichtigkeit dauernd zuverlässiger, Störungen und Schädigungen vermeidender Leitungen ist eine ausführliche Beschreibung dieses neuen Systems hier am Platze.

Diese Leitung wird ihrem Zweck entsprechend aus sorgfältig ausgewählten Stoffen hergestellt. Sie hat unter Verwendung besonderer Tränkmassen größtmögliche Widerstandsfähigkeit gegen Ammoniak und sonstige schädliche Dünste, sie wird auch von Nässe und Feuchtigkeit nicht angegriffen und bietet genügend große Festigkeit gegen mechanische Einwirkung. Sie ist verwendbar in allen Niederspannungsanlagen, die eine Spannung von 250 V gegen Erde führen (d. h. auch in Gleichstrom-Dreileiternetzen mit einer Außenspannung von 440 V und Drehstromnetzen

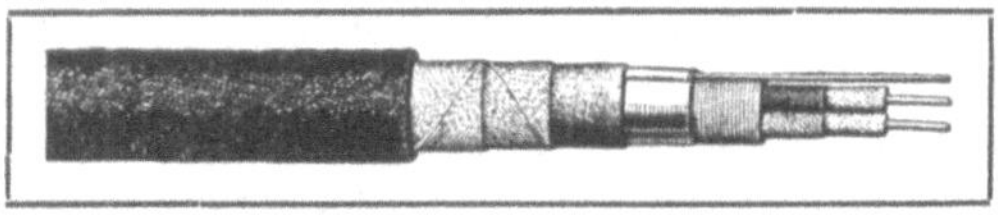

Bild 101. Anthygron-Leitung, Type NRGU, mit Nulleiter bzw. blankem Erdungsdraht.

von 380 V mit geerdetem Nulleiter). Die Leitung wird als Einfach- oder Mehrfachleitung, im letzteren Falle mit farbig gekennzeichneten Adern, hergestellt. Sie entspricht den Vorschriften des Verbandes deutscher Elektrotechniker. Die einzelnen Adern sind von einem gemeinsamen, luftdicht umschließenden Gummimantel umgeben, so daß sich in ihrem Innern keine Hohlräume befinden und jegliche Kondenswasserbildung mit ihren schädlichen Folgen ausgeschlossen ist. Bild 101 zeigt den Aufbau der Anthygron-Leitung. Die mechanische Festigkeit erhält die Leitung durch einen gefalzten Metallmantel, der eine Schutzhülle gegen Feuchtigkeit und Gase besitzt. Diese Schutzhüllen bilden gleichzeitig einen wertvollen Schutz gegen Berührungsgefahr. Die Anthygron-Leitung wird auch mit einem besonderen, am Metallmantel anliegenden, verzinnten blanken Kupferleiter hergestellt, der entweder als Rückleiter in geerdeten Gleich- und Drehstromanlagen dient oder in anderen Netzen für die Erdung allein benutzt wird.

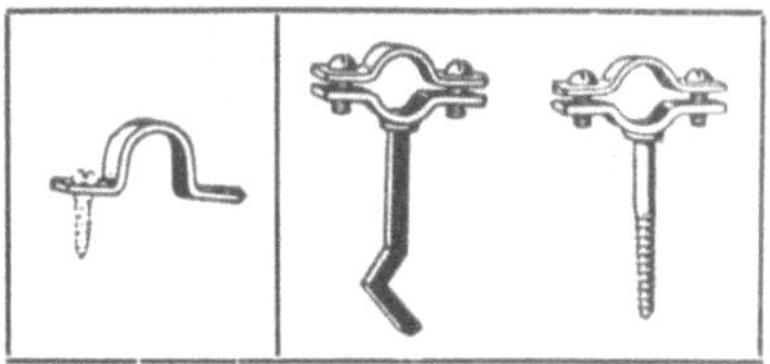

Bild 102. Schelle. Bild 103. Abstandschellen.

Diese Leitung wird unmittelbar auf oder besser mit geringer Entfernung (etwa 10 mm) von der Wand fest verlegt; letztere Verlegungsart sollte bei nassen Wänden stets gewählt werden. Als Befestigungsmittel dienen kräftige spritzverzinkte Eisenschellen (Bild 102) bzw. Abstandschellen (Bild 103), die in ammoniak- und säurehaltigen Räumen mit einem Speziallack überstrichen werden.

Für die Abzweigungen sind besondere wasser- und säuredicht geschlossene, mit säurefestem Lack überzogene Gußeisendosen mit Messingschraubbuchsen vorgesehen (Bild 104), deren Konstruktion eine bequeme Montage der Leitungen und Anschlüsse ermöglicht. Die Dosen werden je nach Art der Abzweigung mit zwei, drei oder vier Einführungstutzen ausgeführt.

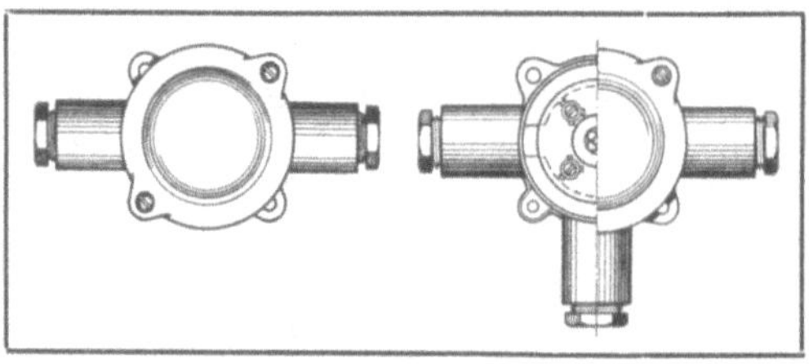

Bild 104.
Wasserdichte Abzweigdosen mit Stopfbuchsenverschraubung.

Bei dem Verlegungsystem mit Anthygron-Leitungen ist die Bildung von Kondenswasser auch in den Abzweigdosen ausgeschlossen, da kein Luftumlauf innerhalb der Leitungsanlage und der Dosen stattfindet. Die Benutzung dieser Dosen erübrigt das umständliche und zeitraubende Ausgießen, sie bietet dadurch den Vorteil, daß die Anschlußklemmen jederzeit zugänglich sind und Erweiterungen der Anlage ohne Schwierigkeit vorgenommen werden können. Sämtliche Dosen haben in der Mitte eine Erdungsklemme zur Verwendung in Netzen mit geerdetem Nulleiter oder als Erdungsschraube allein. Die Abdichtung der in die Stopfbuchsen eingeführten Leitungen wird über dem äußersten Leitungsmantel vorgenommen (Bild 105), so daß das vorher abgestufte Leitungsende bis zu den einzelnen in ihr befindlichen Adern hinter dem Gummidichtungsring liegt. Als Schalter eignen sich am besten porzellangekapselte Zetaschalter, die ebenfalls mit Stopfbuchse zur Abdichtung der eingeführten Anthygron-Leitung versehen sind (Bild 106). Die Stopfbuchsen am Schalter und die entsprechenden an der Dose sind jedoch nicht erforderlich, wenn der Schalter unmittelbar unter die Abzweigdose gesetzt wird (Bild 107). Bei dieser Anordnung werden Dose und Schalter unter Fortfall der Stopfbuchse mittels Doppelnippel (Bild 108) abgedichtet miteinander verbunden und der Schalter durch Schaltstange bedient. Diese Anordnung ist, wie Bild 109 zeigt, das eine Lampeninstallation mit zugehörigem Schalter darstellt, sehr zu empfehlen, da man hierbei außerdem die Schalterzuleitung erspart und der Schalter selbst außer Handbereich angebracht ist. Die Wanddurchführungen lassen sich am ein-

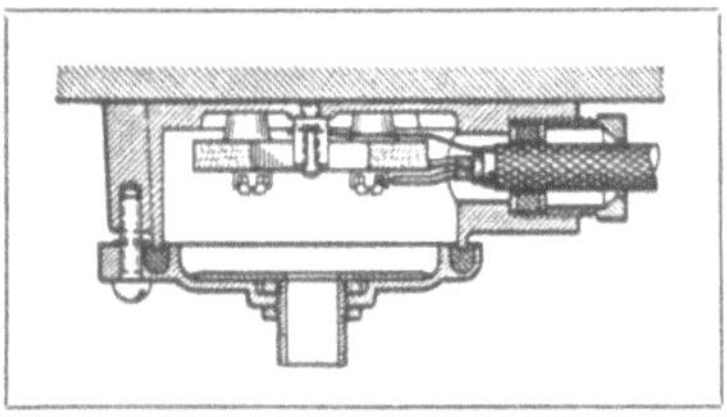

Bild 105. Enddose für Beleuchtungskörper.

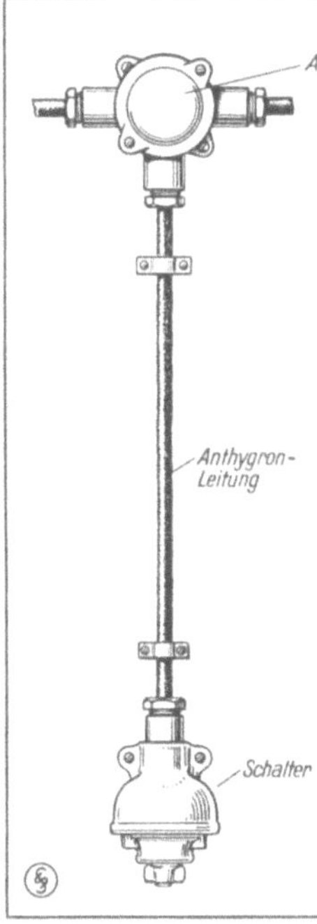


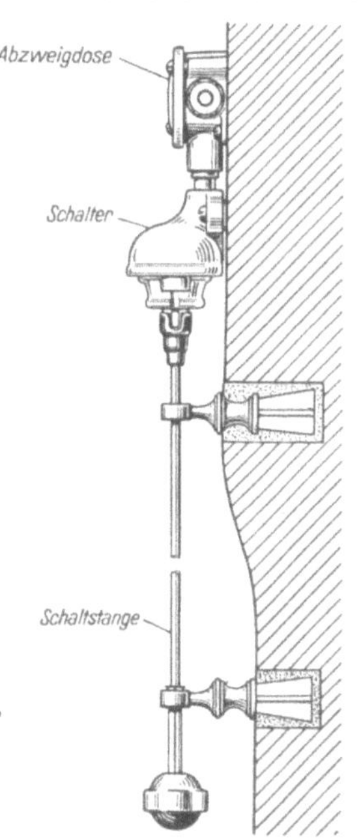

Bild 108. Gewinde-Reduktionsstück.

Bild 106. Schalter mit eingeführter Anthygron-Leitung.

Bild 107. Schalter mit unmittelbarem Anschluß an die Abzweigdose.

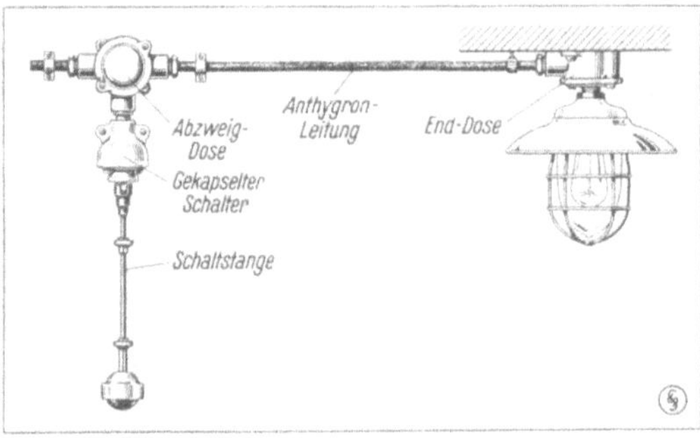


**Bild 109. Brennstelle mit hängender Leuchte und Schalter mit Schaltstange.**

fachsten mit der Anthygron-Leitung selbst herstellen, indem man diese Leitung im feuchten Raum (Ställe usw.) an die wasserdichte Abzweigdose anschließt und auf das an der anderen Mauerseite heraustretende Leitungsende — wenn es sich um einen trockenen Raum handelt — eine normale Dose mit rückwärtiger Einführung aufsetzt (Bild 110). Bei Wanddurchführungen vom feuchten Raum ins Freie schiebt man eine Porzellanpfeife mit zwei oder mehr Ausführungen auf die mit ihren einzelnen Adern freigelegte Leitung (Bild 111). Die Stelle, an der die einzelnen freigelegten Gummiadern aus den sie umgebenden Umhüllungen heraustreten, ist vorher mit Speziallack ringsum zu bestreichen; außerdem empfiehlt es sich, vor dem Anschließen der Anthygron-Leitung an die wasserdichte Abzweigdose und endgültigem Einzementieren der gesamten Wanddurchführung die Porzellanpfeife mit Spezialmasse auszugießen.

Die Anthygron-Leitungen mit am Metallmantel anliegendem blanken Kupferdraht sollten nach Möglichkeit bevorzugt werden, da mit Hilfe dieses Drahtes ein in der ganzen Anlage zusammenhängendes Erdung-

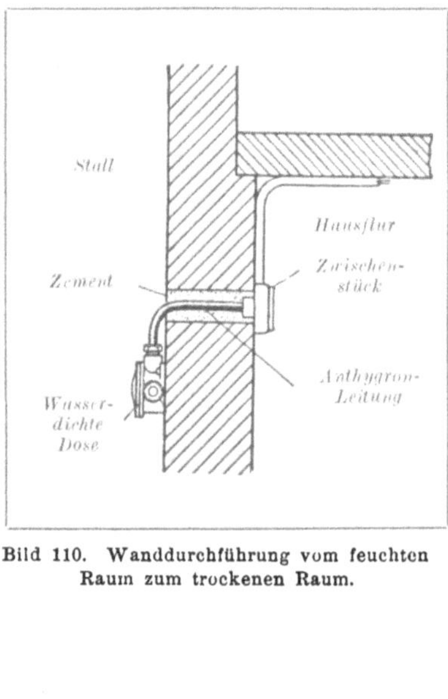


**Bild 110. Wanddurchführung vom feuchten Raum zum trockenen Raum.**

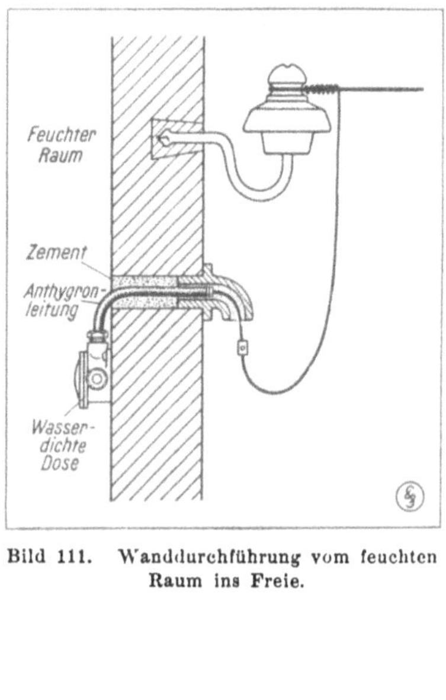


**Bild 111. Wanddurchführung vom feuchten Raum ins Freie.**

system gebildet wird (vgl. S. 103), wodurch jeder etwa auftretende Isolationsfehler zum luftabgeschlossenen Kurzschluß führt, insbesondere wenn auch in der Schalterzuleitung der blanke Nulleiter mit heruntergeführt wird. Die Sicherung kommt dann in jedem Falle zum Durchschmelzen, ohne daß irgendwelche Feuererscheinungen nach außen auftreten. Es wird hierbei auch erreicht, daß alle aus Isolationsfehlern herrührenden Kriechströme, die Mensch und Tier gefährden können, auf Nebenwegen abgeleitet werden. Die Sicherheit gegen Unfälle ist also bei Anwendung dieser Leitungen so erhöht, daß der zusätzliche Einbau von Klein- bzw. Stalltransformatoren zur Herabsetzung der gebräuchlichen Niederspannungen (120 bzw. 220 V) auf Niedrigstspannungen (20 bis 40 V) vielfach entbehrlich sein wird.

Bild 112. Handlampen-Transformator.

Für besondere Fälle, wo aus Gründen der Gefahrverminderung und -Vermeidung die Herabsetzung der Stromspannung auf ein ungefährliches Maß (24 V) notwendig ist, steht in dem *Handlampen-Transformator* (Bild 112) ein leicht tragbares Gerät zum Anschluß von 2 Handlampen niedriger Spannung zur Verfügung. Sein Anschluß an das Leitungsnetz mit der gebräuchlichen Spannung von 125 oder 220 V geschieht zweckmäßig an einer Steckdose außerhalb des Stalles.

b) Leitungsverlegung in Räumen mit leicht entzündbarem Inhalt (Scheunen u. a. m.).

Wenn irgend möglich sollen auch hier die Leitungen, Schalter und Sicherungen außerhalb der zu beleuchtenden Räume untergebracht und die Lampen in ähnlicher Weise wie in Ställen angeschlossen werden (s. S. 65). Soweit das nicht möglich ist, müssen Gummiaderleitungen in zuverlässig

Bild 113. Stahlpanzerrohr mit Muffe.

Bild 114. Überlapptes Peschelrohr mit Muffe.

Bild 115. Gummirohr mit Muffe.

Bild 116. Isolierrohr mit Muffe.

Einfachleitung

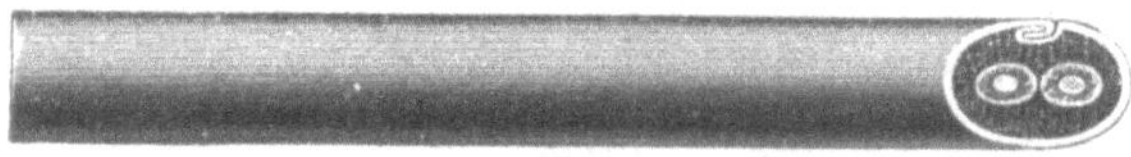

Doppelleitung

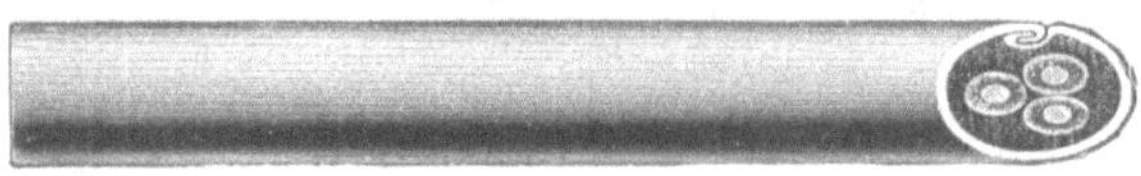

Dreifachleitung

Bild 117. Rohrdrähte.

befestigte Stahlpanzer- oder überlappte Peschelrohre eingezogen werden. Die *Stahlpanzerrohre* (Bild 113) sind geschlossene Eisenrohre mit Papierauskleidung, die durch Schraubenmuffen miteinander verbunden werden. *Peschelrohre* (Bild 114) sind dünnwandige Stahlrohre ohne Papierauskleidung, die durch Überschubmuffen verbunden werden. Sie passen sich wegen ihrer Elastizität eng an die Muffenwandung an und werden dadurch gut abgedichtet. Um die Bildung von Niederschlagwasser im Rohrinnern möglichst einzuschränken, empfiehlt es sich, sie nicht an Außenwände zu befestigen und ihnen ein Gefälle zu geben. An den hochliegenden freien Enden sind sie zu verkitten und nur am tiefsten Punkte des Rohrnetzes ist für den Abfluß etwa entstehender Niederschläge zu sorgen. Drahtverbindungen und Abzweigungen innerhalb der Rohrnetze sind nur in Dosen, Abzweigkästen, Winkel- und Kreuzstücken und nur durch Verschraubung auf isolierender Unterlage zulässig. Für diese Stücke ist in den hier in Betracht kommenden Räumen die schwere Ausführung aus Gußeisen zu verwenden.

### c) Leitungsverlegung in trockenen Räumen ohne leicht entzündbaren Inhalt.

Hier werden für feste Verlegung normale Gummileitungen entweder auf Porzellan-Isolierrollen oder in Rohren auf oder unter Putz oder Rohr-

Zwischendose T-Dose Kreuzdose

Bild 118. Dosen aus Gußeisen für Verlegung von Peschelrohr auf und in der Wand.

Bild 119. Mantelendverschluß.

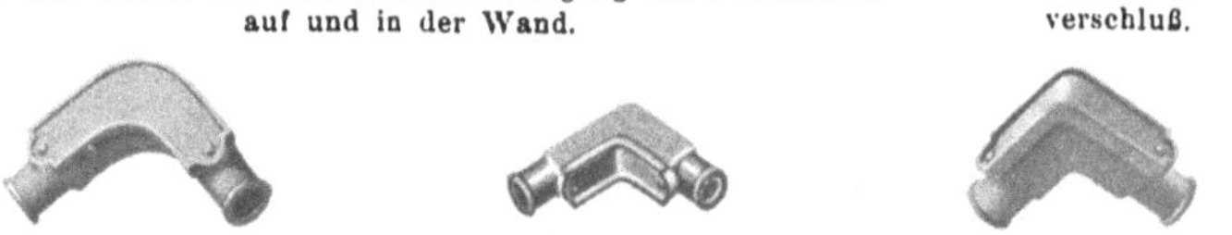

Winkelstück oben zu öffnen Winkelstück innen zu öffnen Winkelstück außen zu öffnen

Bild 120. Winkelstücke aus Gußeisen für Verlegung von Peschelrohren auf und in der Wand.

drähte verwendet. Wenn nicht aus Gründen des Aussehens die Leitungen unter Putz in Gummi- (Bild 115) oder Isolierrohren (Papierrohre mit gefalztem Blechmantel aus lackiertem oder verbleitem Eisen, aus Messing oder Zink, (Bild 116) untergebracht werden, pflegt man jetzt in der Regel *Rohrdrähte* (Bild 117) zu bevorzugen, die gekennzeichnet sind durch die innige Verbindung zwischen der Leitungseele, den isolierenden Umhüllungen und dem äußeren rohrartigen metallischen Mantel, der einen gewissen Schutz gegen mechanische Beschädigung bietet. Die Unterbringung an der Wand und der Decke ist mit einfachen billigen Mitteln (Schellen, Gabeln, Stahl- oder Holzdübel) und mit geringstem Arbeitsaufwand möglich. Dabei bieten sie den praktisch bedeutsamen Vorteil, daß ein solches Leitungsnetz sichtbar zutage liegt, also leicht beaufsichtigt und instand gesetzt werden kann und trotzdem bei geschickter Leitungsführung nicht störend ins Auge fällt. Vervollständigt wird dieses Leitungsystem durch dafür konstruierte Abzweigdosen (Bild 118), Mantel-Endverschlüsse (Bild 119), Winkelstücke (Bild 120), Reduktionsstücke und Klemmhäuschen, die als Zwischen-, T-Winkel- und Kreuzhäuschen durchgebildet sind (Bild 121).

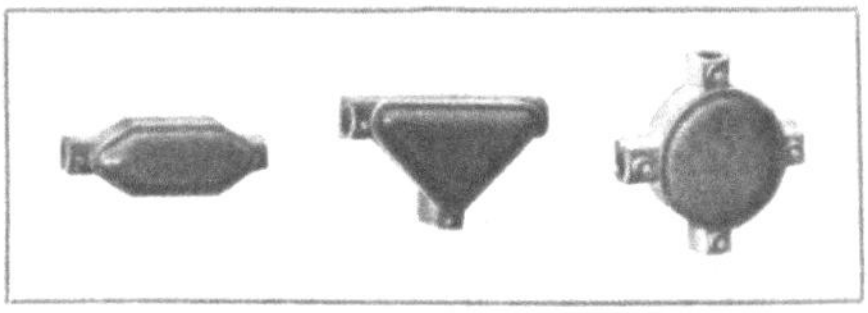

Bild 121. Metall-Klemmbäuschen.

In Anlagen mit geerdetem Nulleiter wurde früher der metallische Mantel des einpoligen Rohrdrahtes als Rückleiter verwendet, während in den

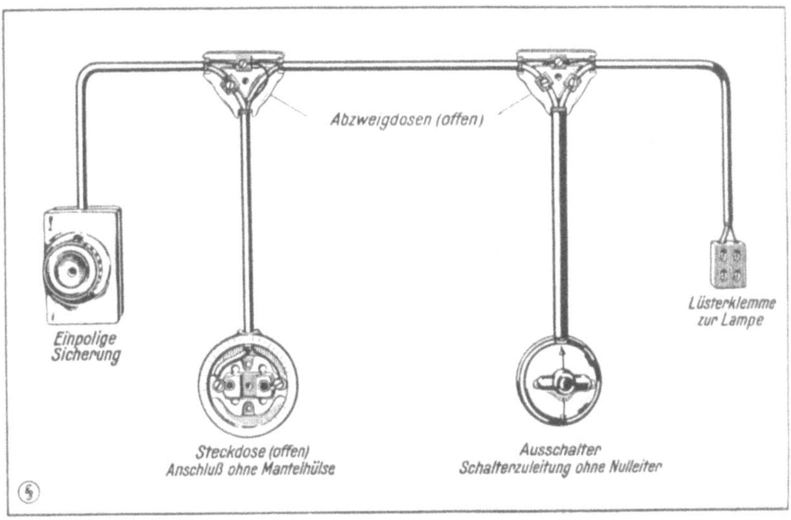


Bild 122. Leitungsverlegung mit Nullpha-Rohrdraht.

jetzt für diese Zwecke gebräuchlichen *Nullpha-Rohrdraht* ein besonderer blanker Nulleiterdraht eingelegt wird. Dadurch wird eine störungsfreie, bequeme, gefällige und übersichtliche Leitungsverlegung erzielt (Bild 122).

### d) Biegsame Leitungen.

Das immer wiederkehrende Auf- und Abrollen, der Einfluß von Wind und Wetter und die Unterbringung auf dem Acker, dem Gutshof, im Stalle und in der Scheune stellt bezüglich der Betriebsicherheit und Dauerhaftigkeit an die Konstruktion und Isolierung der biegsamen Kraftleitungen ebenso wie der in feuchten Stall- und ähnlichen Räumen verwendeten biegsamen Lichtleitungen zum Anschluß von tragbaren Handlampen besonders weitgehende Ansprüche. Als gemeinsame äußere Schutzhülle für die gummi-isolierten Adern derartiger Leitungen verwendete man früher fast ausschließlich eine gekienteerte Hanfkordelbeflechtung, die sich zwar recht gut bewährt hat, deren zuverlässige Wiederinstandsetzung bei Abnutzung und Beschädigung jedoch gewisse Schwierigkeiten bot. Im Gegensatz hierzu steht die von den Siemens-Schuckertwerken entwickelte neue *Gummischlauchleitung* (Bild 123), die sich in der Praxis bereits aufs beste bewährt hat. Die für leichte und mittlere Beanspruchung bestimmten Modelle dieser Leitungstype haben über den isolierten Leitungsadern *einen* Gummimantel, während die starke Ausführungsart über den bandumwickelten Gummiadern mit *zwei* Gummimänteln und einem dazwischen liegenden Baumwollband versehen ist. Bei dieser Leitungstype hat man auf die bisher gebräuchlichen Schutzumflechtungen verzichtet und sich die bekannten guten Eigenschaften, insbesondere die Zähigkeit und Haltbarkeit des vulkanisierten Gummis zunutze gemacht, so daß der Gummimantel selbst Träger der Schutzwirkung wird.

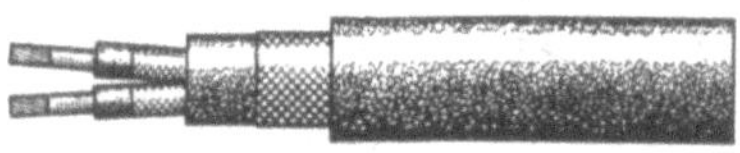

Bild 123. Gummischlauchleitung NSH 2×1,5 starke Ausführung.

Zum Anschluß ortsveränderlicher Stromverbraucher (Steh- und Handlampen, Kochgefäße, Heizkörper, Bügeleisen u. a. m.) an die festverlegte Zimmerleitung sind Leitungen erforderlich, deren Biegsamkeit dadurch erreicht wird, daß man die stromführende Metallseele aus einer Anzahl dünner Drähte zusammensetzt und daß ihre Isolierhülle den Biegungen nachgibt, ohne ihre Geschlossenheit zu beeinträchtigen. Außer den bereits oben erwähnten Gummischlauchleitungen steht für trockene Räume die Anschlußleitung *NHH* zur Verfügung. Für den Anschluß ortsveränderlicher Stromverbraucher in trockenen Räumen, wo also keine Rücksicht auf Luftfeuchtigkeit und Niederschlagswässer zu nehmen ist, verwendet man Gummiaderschnüre mit Umklöppelung aus Glanzgarn oder mit schwarz imprägnierter Baumwollbeflechtung.

e) Leitungen im Freien

werden in den meisten Fällen aus blanken Drähten hergestellt, die auf Porzellan-Isolatoren so verlegt werden, daß sie unbeabsichtigter Berührung entrückt sind und unter sich sowie von brennbaren Stoffen und leitfähigen Metallteilen genügend entfernt sind. Dort, wo ausnahmsweise auf diesem Wege der erforderliche Abstand nicht durchgeführt werden kann, nimmt man anstatt blanker isolierte Leitungen, die je nach der Zahl, Stärke und Art der sie schützenden Hüllen die Bezeichnungen *LWC* und *PLWC* haben. Die ersteren haben einen eindrähtigen, die letzteren einen mehrdrähtigen Leiter. Die Umhüllungen haben der Forderung zu entsprechen, daß sie beim Leitungspannen nicht zerstört und gelockert werden.

*Die Herstellung von Draht-Verbindungen und Abzweigungen* gehört zu den wichtigsten Arbeiten beim Leitungsverlegen. Die miteinander zu verbindenden Leitungstücke müssen eine große gemeinsame Berührungsfläche haben und so dicht aneinander gepreßt sein, daß ein schädlicher Übergangs-Widerstand weder im Anfange noch später — durch Auflockern und Eindringen oxydierender Einflüsse — auftreten kann. Solche Bindestellen im Zuge isolierter Leitungen müssen möglichst glatte Oberfläche ohne scharfe Drahtenden haben, da sonst leicht die isolierende Umhüllung unterbrochen und dadurch das Entstehen von Erd- und Kurzschlüssen gefördert wird. Bei Freileitungen ist zu berücksichtigen, daß die Bindestellen dem starken mechanischen Zug der gespannten Leitung standhalten. Früher stellte man die Drahtverbindungen in der Regel so her, daß man entweder die beiden Drahtenden nebeneinander anordnete, mit einem dünnen Bindedraht eng umwickelte und diese Stelle verlötete, oder daß man beide Enden in engen Windungen umeinander herumwickelte und dann ebenfalls verlötete. Diese Arbeit erfordert große Gewissenhaftigkeit, das Löten ist im Innern der Räume feuergefährlich und im Freien oft schwer durchführbar. Deshalb verwendet man in zunehmendem Maße jetzt Verbindungs- und Abzweigklemmen, Muffen und Verbindungschrauben verschiedenster Art und insbesondere für Freileitungen die *Kerbverbinder*, d. h. dünnwandige Blechrohre geeigneten Querschnittes, die über die zu verbindenden Leitungsenden geschoben und dann mittels besonderer Kerbzangen zusammengepreßt und eingekerbt werden (Bild 124). Dadurch entsteht mit geringem Kraft- und Zeitaufwand eine dauernd haltbare, zuverlässige und widerstandsfähige Verbindungstelle, so daß dieses von den Siemens-Schuckertwerken entwickelte Verfahren große Bedeutung gewonnen hat.

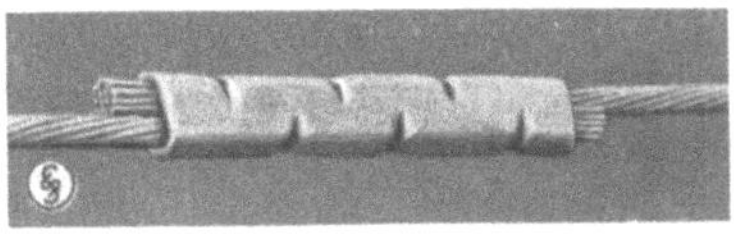

Bild 124. Kerbverbinder.

### f) Spanndraht-Anlagen.

Zuweilen gibt es auch in der Landwirtschaft Räume, die keine zur Anbringung von Leitungen, Lampen usw. geeigneten ebenen Decken haben und wo nur Balken, Träger und Unterzüge vorhanden sind. Hier hilft man sich so, daß man ein oder mehrere nicht leitende Spanndrähte, bei starker Gewichtsbeanspruchung Spannseile, zwischen Mauern, Unterzügen oder Trägern anbringt. An sie werden die Peschelrohre oder Rohrdrähte mittels Schellen befestigt. Um ein Schwingen und zu starkes Durchhängen der außerdem an den Drähten befestigten Leuchten zu verhindern, ist es zweckmäßig, die Spanndrähte in Abständen von 4—6 m an geeigneten Punkten abzufangen.

## C. Sicherungen.

Um stromführende Leitungen und die angeschlossenen Apparate aller Art (Lampen, Motoren u. a. m.) vor (sich durch unzulässige Erhitzung bemerkbar machender) Überlastung sowie vor Zerstörung zu schützen und dadurch Brand- und Lebensgefahr zu verhindern, müssen an dafür geeigneten Stellen Sicherungen eingefügt werden. Sie haben die Aufgabe zu erfüllen, selbsttätig die gefährdete Leitungstrecke abzuschalten, den Stromlauf also zu unterbrechen, bevor die Erwärmung gefährlich wird. Zwei Wege können zu diesem Ziele führen. Der eine und zwar der heute am meisten begangene führt zu der Schmelzsicherung, der andere zu dem auf magnetischen oder Wärmewirkungen beruhenden selbsttätigen Ausschalter.

Die *Schmelzsicherungen* sind dadurch gekennzeichnet, daß man an bestimmten Stellen, vorzugsweise dort, wo sich der Querschnitt der Leitung ändert, eine kurze Leitungstrecke einbaut, deren von dem verwendeten Metall abhängiger Schmelzpunkt und deren Querschnitt so gewählt sind, daß sie bei bestimmter Überlastung in bestimmter Zeit durch die vom durchlaufenden Strom erzeugte Wärme abschmilzt. Da aber dieses den Strom unterbrechende Abschmelzen eine Lichtbogenbildung mit Auftreten geschmolzener und verdampfender Metallteile zur Folge hat, so muß dieser Schmelzeinsatz, besonders wenn er in Wohn-, Lager- und Betriebsräumen eingebaut ist, so beschaffen sein, daß bei diesem Vorgehen nicht etwa die Sicherung selbst als Gefahrenquelle wirkt. Die Sicherung darf also keine Flammenerscheinung nach außen treten lassen.

Die zweite wichtige Forderung verlangt Einrichtungen, die verhindern, daß stärkere Schmelzeinsätze als die dem zu sichernden Leitungsquerschnitt bzw. der höchsten zulässigen Stromstärke entsprechenden eingesetzt werden können.

Es ist ferner Sorge zu tragen, daß man von außen sicher erkennt, ob ein Sicherungseinsatz durchgeschmolzen oder noch gebrauchsfähig ist, und endlich ist es wünschenswert, die Schmelzeinsätze so einfach und billig herzustellen, daß eine ausreichende Lagerhaltung jedem Anlagenbesitzer möglich ist und er dadurch vor der Versuchung bewahrt wird, durch unzulässige Überbrückungen die rechtzeitige und zuverlässige Wirkung der Sicherung zu unterbinden.

Bild 125. Stöpselkopf, Patrone und Paßschraube des Diazed-Sicherungs-Systems.

Unter den verschiedenen im Laufe der Zeit auf den Markt gebrachten Schraubstöpsel-Systemen entspricht das von den Siemens-Schuckertwerken zuerst entwickelte *Diazed-Sicherungs-System mit N-Diazed-Patrone* (Bild 125) in weitgehendem Maße den oben angeführten Forderungen. Eine vollständige Sicherung dieser Art setzt sich aus verschiedenen Einzelteilen zusammen, deren wichtigster die Patrone ist. Sie besteht aus einem Porzellankörper mit sechseckigem Querschnitt, der in seinem Innern den Abschmelzdraht enthält. Das zu dessen Herstellung benutzte Metall und sein Querschnitt werden, wie schon erwähnt, so gewählt, daß er bei einer bestimmten Stromstärke und nach einer gewissen Zeit durchschmilzt. An einem Ende der Patrone ist unter einem flachen Metallring ein farbiges Kennplättchen angeordnet, dessen Mittelpunkt in der Zylinderachse liegt und beim Durchschmelzen herabfällt, so daß man unter mehreren, meistens neben- oder untereinander angeordneten Sicherungen sofort erkennen kann, welche von ihnen durchgeschmolzen ist (Bild 126). Das andere Patronenende läuft in einen kurzen Metallzapfen aus, der für jede Nennstromstärke einen bestimmten Durchmesser hat und zwar dergestalt, daß der geringsten Nennstromstärke der kleinste Durchmesser und jeder höheren Nennstromstärke ein entsprechend stärkerer Zapfen entspricht. Zu jedem Zapfendurchmesser gehört eine Paßschraube, die in ihrem zylindrischen Kopf eine Öffnung enthält, in die der Zapfen gerade hineinpaßt. Diese Paßschraube wird auf dem Boden eines Porzellankörpers befestigt, der als Element (Bild 127)

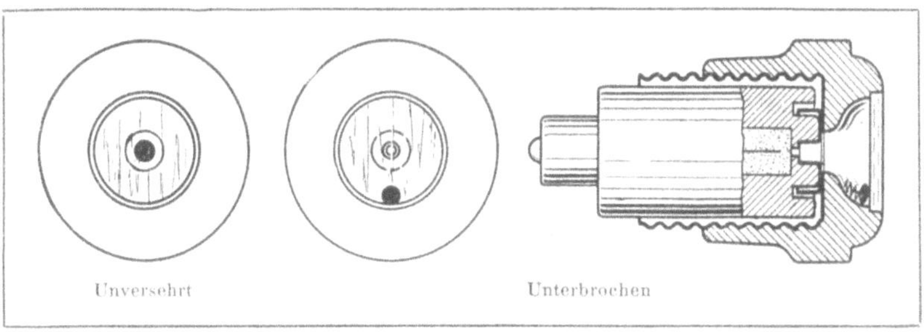


Bild 126. Stöpsel mit Unterbrechungsmelder, bestehend aus einem Kenndraht mit beim Abschmelzen abfallendem, in dem Fenster des Kopfes sich fangenden Kennkörper.

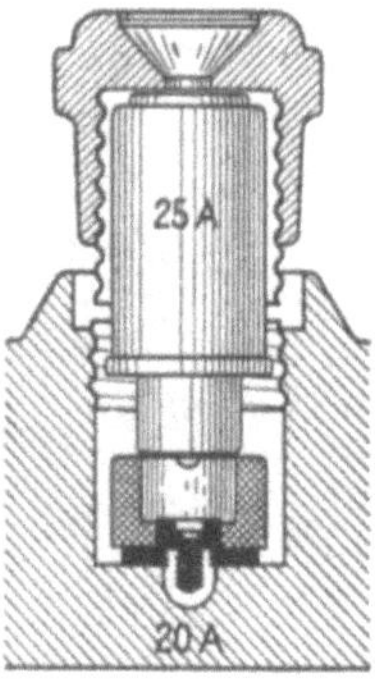


Bild 127. 25 A-Patrone paßt nicht in die 20 A-Paßschraube. Das Gewinde des Stöpselkopfes greift nicht in das Gewinde des Sicherungselements ein.

bezeichnet wird und der außerdem die Anschlußklemmen für die Enden des zu sichernden Leitungsdrahtes sowie ein zylindrisches Metallblech mit eingedrücktem grobgängigem Schraubgewinde enthält. In das Gewinde des Elementes paßt dasjenige des Stöpselkopfes, der im wesentlichen ebenfalls aus Porzellan besteht und den Zweck hat, die darunter befindliche Patrone festzuhalten und den Kontakt, d. h. die innige leitende Verbindung der Anschlußklemmen mit den Enden des Schmelzdrahtes, herzustellen. Der Hohlraum des Stöpselkopfes ist oben durch eine durchsichtige Scheibe abgeschlossen, so daß man die Lage des Kennplättchens von außen erkennen kann. Will man die neuen und wegen ihres niedrigen Preises empfehlenswerten N-Patronen (Bild 128) in solche Elemente einsetzen, die für Aufnahme der früher üblichen stärkeren zylindrischen Patronen bemessen sind, so stehen hierfür Einsatzhülsen zur Verfügung, die die richtige Lage der N-Patronen auch in solchen Elementen sichern. Die Diazed-Sicherungs-Elemente werden ein-, zwei- und dreipolig ausgeführt. In dem hier in Betracht kommenden Falle verwendet man fast immer einpolige Elemente, die gruppenweise auf Verteilungstafeln angeordnet, und wenn erforderlich, mit Zähler und Schaltern vereinigt werden (Bild 129). Für Stromstärken über 25 A und für besondere Verhältnisse gibt es besondere Ausführungsarten, wie z. B. Blech- und Gußschutzhauben (Bild 130), wasserdichte gußeiserne Kästen, eisengekapselte Verteilungsanlagen u. a. m., die indessen für die Landwirtschaft nur ausnahmsweise in Betracht kommen, weil die Stromstärke der einzelnen Stromkreise in der Regel unterhalb der Grenze von 25 A liegen und hauptsächlich deshalb, weil Sicherungen grundsätzlich nicht in gefährdeten landwirtschaftlichen Räumen untergebracht werden dürfen.

Bild 128. N-Diazed-Patrone.

Bild 129. Zählertafel mit 6 Sicherungselementen.

Die ebenfalls unter den Begriff Sicherung fallenden *selbsttätigen Ausschalter* werden vorzugsweise zum Schutze von Elektromotoren verwendet und wurden deshalb bereits im Zusammenhange mit diesen auf Seite 33 und folgende behandelt. Sie können natürlich auch in geeigneten Fällen zum Schutze von Leitungstrecken und anderen Stromverbrauchern benutzt werden. Hierzu gehört z. B. eine neue Ausführungsform, deren Konstruktion beim Schreiben dieser Zeilen kurz vor dem Abschluß steht, der *Heinisch-Riedel-Schalter*, der deshalb für landwirtschaftliche Elektrizitätsanlagen von besonderer Bedeutung ist, weil er einen sicheren Schutz gegen die schädlichen Folgen des Erdschlusses gewähren soll. Ohne auf die technischen Einzelheiten dieser neuen Schalterkonstruktion näher einzugehen, sei hier kurz das Wesen der Erfindung gekennzeichnet. Der oben (S. 33) bereits erwähnte Erdschluß kann sich besonders dann unliebsam bemerkbar machen, wenn der aus dem ordnungsmäßigen Leitungsweg austretende elektrische Strom in, der Berührung von Mensch und Tier zugängige metallische bzw. leitende Körper gelangt, ohne daß von hier aus seiner Weiterleitung nach der Erde oder dem Nullpunkt des Transformators ein ausreichend starker Weg zur Verfügung steht. Es sollen zwar nach den bestehenden Vorschriften (vgl. z. B. § 3, Absatz d der Errichtungsvorschriften elektrischer Starkstromanlagen) alle derartigen metallischen Körper in der Nähe stromführender Leiter geerdet werden, doch gelingt es nicht immer oder wenigstens nur mit verhältnismäßig hohen Kosten, eine gute Erdung, d. h. eine dauernd zuverlässige leitende Verbindung geringen Widerstandes zwischen dem zu schützenden Gegenstande und der Erde, herzustellen. Der elektrische Strom hat die Eigenschaft, von mehreren ihm zur Verfügung stehenden Stromwegen denjenigen zu bevorzugen, der ihm den geringsten Widerstand leistet. Infolgedessen kann es vorkommen, daß z. B. eiserne Futterraufen, Viehbefestigungsketten usw., wenn sie von dem Mauerwerk isoliert, also nicht oder schlecht geerdet sind, die in ihnen auftretenden Erdschlußströme durch den menschlichen oder tierischen Körper nach dem feuchten Stallboden zur Erde ableiten und dadurch gesundheitliche Beschädigungen und Störungen, im schlimmsten Fall den Tod, herbeiführen. (Außer den Erdschlußströmen im engeren Sinne können übrigens unter ungünstigen Verhältnissen auch sogenannte Lade- und Induktionsströme schädigend wirken.) Deshalb verlangen die Erfinder für jede Anschlußanlage nur eine, aber dafür unbedingt zuverlässige und dauernd wirksame Erdungstelle, die mit den verschiedenen, nach den bisherigen Vorschriften zu erdenden Teilen

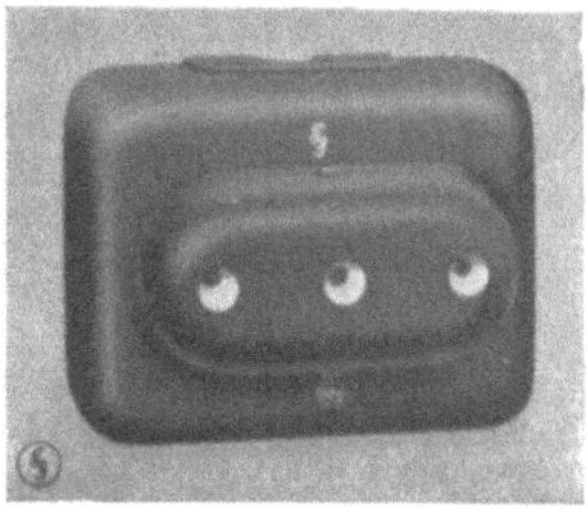

Bild 130. Hausanschlußsicherungen für Freileitungsanschluß mit eiserner Grundplatte und Blechschutzhaube.

Bild 131. Kleiner Sockelautomat.

Bild 132. Verteilungstafel mit 4 Sockelautomaten.

durch metallische Leiter verbunden wird. In diesen metallischen Erd- oder Nullleiter wird ein Auslöser der oben bereits geschilderten Art eingeschaltet, der den betreffenden Sicherheitschalter betätigt, bevor der nach der Erdungstelle fließende Erdschlußstrom Unheil anrichten kann. In Verbindung mit den oben (S. 91 und S. 98) erwähnten Anthygron und Nullpha-Leitungen kann der Heinisch-Riedel-Schalter eine Sicherheit gegen Schäden und Störungen gewähren, wie sie mit den bisherigen Mitteln allein nicht erreichbar war.

Die Vorteile, welche derartig magnetisch betätigte Selbstausschalter auszeichnen, haben dazu geführt, sie auch für geringe Stromstärken, also auch zur Sicherung von Lampen-Stromkreisen in einfacher Form durchzubilden. Sie werden unter der Bezeichnung „*Kleiner Sockelautomat*" (Bild 131) auf den Markt gebracht und sind einstellbar für Nennstromstärken zwischen 2 und 10 A. Auch sie lassen sich wie die Schmelz-Sicherungs-Elemente auf Verteilungstafeln mit eingelegten Sammelschienen zu Gruppen vereinigen (Bild 132). Da sie mit einem Handgriff zum Einschalten versehen sind, dienen sie zugleich als Sicherung und als Schalter.

## D. Schalter.

Die im vorigen Abschnitt erwähnten Sicherungen sind im Grunde genommen auch Schalter, nur benützt man sie im allgemeinen lediglich zum selbsttätigen Ausschalten von Stromkreisen und Motorwicklungen im Falle einer Gefahr. Unter Schaltern im engeren Sinne dagegen versteht man Geräte, die den Zweck haben, einen Stromkreis nach Belieben von Hand zu öffnen (unterbrechen) und zu schließen (einschalten). Von den zwei Hauptgruppen, Drehschalter und Hebelschalter, sollen hier die ersteren ausführlicher behandelt werden, weil die letzteren in der Landwirtschaft nur ganz ausnahmsweise Verwendung finden.

Bild 133. Zeta-Schalter für Rohreinführung.

Jeder Schalter hat der Forderung zu genügen, daß der Schaltvorgang sich in möglichst kurzer

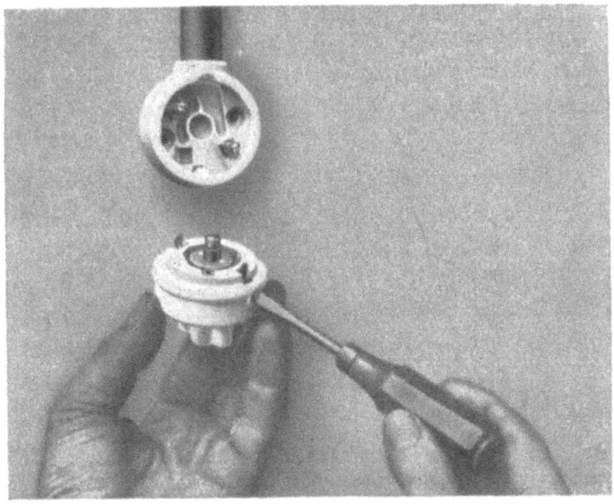

Bild 134. Aufsetzen des Schalterkopfes auf den Schalterfuß beim Zeta-Schalter.

Zeit abspielt. Deshalb ist allen Arten die Verwendung von Federn gemeinsam, die bei den Drehschaltern durch Drehen eines Griffes gespannt werden und im gegebenen Augenblick die Kontaktstellen plötzlich aneinander pressen oder voneinander trennen. Um die dabei trotzdem mögliche Funkenbildung unschädlich zu machen, ist der Schaltraum nach außen abzuschließen und alle stromführenden Teile sind in unverbrennbaren Isolierstoff (Porzellan) einzubauen. Da die Schalter der Zahl und Beanspruchung nach einen der wichtigsten Teile jeder elektrischen Starkstromanlage bilden, müssen sie dauerhaft und billig und so eingerichtet sein, daß sich ihre Instandsetzung, die Auswechslung beschädigter und abgenutzter Teile sowie ihre Anbringung innerhalb des Leitungsnetzes sicher und in einfachster Weise, d. h. mit geringstem Zeit- und Kostenaufwand bewerkstelligen lassen.

Für Nennstromstärken bis zu 6 A entsprechen diesen Anforderungen u. a. die von den Siemens-Schuckertwerken entwickelten *Zeta-Schalter* (Bild 133) in weitgehendem Ausmaße. Im wesentlichen wird dieses Ziel erreicht durch die Unterteilung des Schalters in einen Fuß und einen Kopf. Ersterer wird mittels Schrauben an der Wand befestigt und enthält die ruhenden und infolgedessen der Abnutzung kaum unterworfenen Anschlußteile, während im Kopf die beweglichen und abnutzbaren eigentlichen Schaltorgane in gedrängter Anordnung untergebracht sind. Die Befestigung zwischen Kopf und Fuß ist nach dem Anbringen des letzteren an der Wand schnell und bequem zu bewirken und zu lösen (Bild 134). Diese Unterteilung hat den bemerkenswerten wirtschaftlichen Vorteil im Gefolge, daß sich die Lagerhaltung von Ersatzteilen auf wenige Schalterköpfe und Kontaktfedern beschränken kann.

Bild 135. Zugschalter.

Bild 136. Gußgekapselter Zeta-Schalter.

Der im allgemeinen für höhere Stromstärken bestimmte und bewährte *Paccoschalter* (vgl. Bild 23 auf S. 29) ist dadurch gekennzeichnet, daß der innere Schaltraum gegen das Eindringen von Staub und explosiblen Gasen ebenso wie gegen das Austreten etwaigen Schaltfeuers nach außen durchaus abgeschlossen ist. Man kann ihn deshalb, sofern nicht andere Gründe dagegen sprechen, gerade in landwirtschaftlichen Betriebsräumen, deren Luft mit Staub und Dünsten vermischt ist, unbedenklich anwenden.

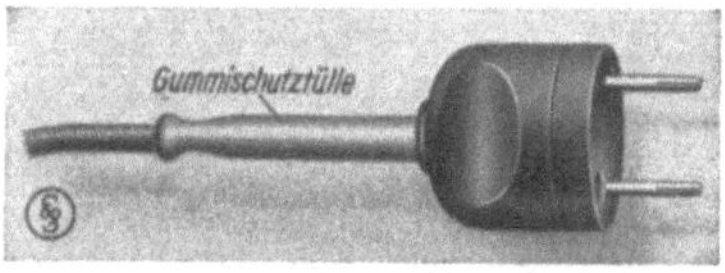


Bild 137. Stecker mit Gummischutztülle.

Die Zeta-Schalter können je nach Anbringungsort, Stromverteilungs-System, Art der verwendeten Leitungen und Schaltungszweck in den verschiedensten Ausführungsformen verwendet werden, und zwar als einpolige oder zweipolige Ausschalter, für Steckschlüsselbedienung, für verschiedene Leitungseinführung, als einpolige Umschalter, in Wandeinsatz zur Unterbringung unter dem Putz, gekapselt in Isolierstoff oder Eisengehäuse, für feuchte Räume in Porzellangehäuse mit oder ohne Schaltstange, als Zugschalter, mit Schutzkragen gegen mechanische Beschädigung u. a. m. (Bild 135 und 136).

Die Umschalter ermöglichen folgende Schaltungen:

1. Umschalten von Stromkreisen derart, daß von einem Schalter aus entweder der eine oder der andere Stromkreis ein- und ausgeschaltet werden kann.
2. Stufenweises Ein- und Ausschalten von zwei Stromkreisen durch einen Schalter, so daß nicht nur jeder Stromkreis für sich, sondern auch beide zusammen geschaltet werden können (Kronenschaltung).
3. Wechselweises Ein- und Ausschalten eines Stromkreises von zwei Stellen aus mittels zweier Umschalter (Wechselschaltung).
4. Ein- und Ausschalten einer Lampengruppe von mehr als zwei Stellen aus mittels je eines Schalters an den Schaltstellen (Treppenschaltung).

## E. Steckvorrichtungen.

Diese Vorrichtungen dienen dazu, zwischen einer fest verlegten und einer biegsamen Leitung, die zum Anschluß ortsveränderlicher Stromverbraucher dient, schnell und sicher eine Verbindung herzustellen oder aufzuheben. Dazu ist erforderlich eine Steckdose am Ende der festen und ein Stecker (Bild 137) am freien Ende der biegsamen Leitung. Für Stromstärken bis zu 25 A und Spannungen bis 250 V (gegen Erde) empfiehlt sich der Gebrauch von *Zeta-Steckdosen* (Bild 138 und 139), die in ähnlicher Weise wie die im vorhergehenden Abschnitt behandelten Zeta-Schalter aus Fuß und

Bild 138. Zweipolige Zeta-Steckdose.

Bild 139. Dreipolige Steckdose für trockene Räume.

Kopf bestehen und infolgedessen die dort bereits erwähnten Vorteile ebenfalls aufweisen. Je nach Stromart werden sie zwei- oder dreipolig und je nach Vorschrift mit oder ohne Schmelzeinsatz im Dosenkopf verwendet. Das bei den Zetaschaltern über die sonstigen verschiedenen Ausführungsformen Gesagte gilt sinngemäß auch für die Zeta-Steckdosen und die dazugehörigen Zeta-Stecker (Bild 140).

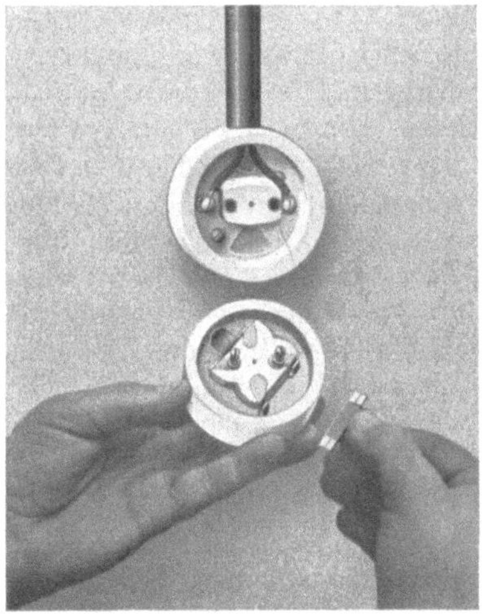

Bild 140. Gefahrlose Auswechslung der Schmelzlamellen im spannungslosen Kopf der Zeta-Steckdose.

Ebenfalls aus 2 Teilen bestehen die neuen, den Richtlinien des Verbandes Deutscher Elektrotechniker von 1924 entsprechenden zweipoligen Steckdosen für 6 A, 250 V (Bild 141). Alle stromführenden Teile sitzen auf einem flachen Porzellansockel, der durch eine übergreifende Porzellankappe geschützt wird. Die gesicherten Steckdosen dieser Art enthalten eine einpolige Sicherung in Form eines kleinen zweiteiligen Schraubstöpsels, bestehend aus Stöpselkopf und Glasrohr-Sicherungspatrone, der sich ohne Abnehmen der Dosenkappe nach Herausnehmen des Steckers von vorn bedienen läßt. Dem Bedürfnis nach zahlreichen Anschlußmöglichkeiten von Stehlampen, Koch- und Heizvorrichtungen usw. in Zimmern und Betriebsräumen, ohne jedesmal das fest verlegte Leitungsnetz verändern oder erweitern zu müssen, entspricht die Schraubsteckdose, die gleich der Glühlampe in deren Fassung eingeschraubt wird und für ein oder zwei Steckanschlüsse eingerichtet ist, ferner

Bild 141. Esdc-Steckdose.

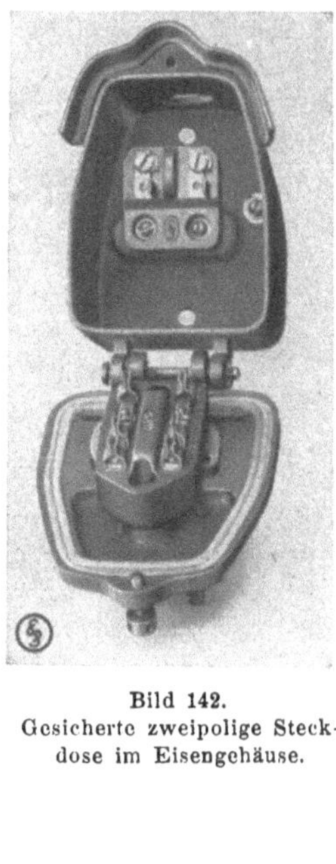

Bild 142. Gesicherte zweipolige Steckdose im Eisengehäuse.

die Steckerdose für Doppelanschluß und die Hängesteckdose, die außerdem mit dem dazu passenden Stecker zum Kuppeln zweier biegsamer Leitungen, also zum Verlängern einer solchen Leitung, dienen kann.
Die für die Landwirtschaft nötigen ortsveränderlichen Motoren werden oft im Freien gebraucht, und es muß deshalb auch hier die Möglichkeit geschaffen werden, sie mittels biegsamer Leitungen an die fest verlegten anzuschließen. Soweit nicht die auf S. 48 beschriebenen Freileitungs-Anschlußklemmen anwendbar sind, müssen mit Rücksicht auf Stromstärke und Witterungseinfluß besondere Steckvorrichtungen benutzt werden. Hierzu gehören u. a. die gußeisengekapselten Steckdosen (Bild 142), und zwar zweipolig, dreipolig, gesichert, ungesichert usw. In gefährdeten Räumen werden derartige Dosen mit einem Pacco-Schalter in einem wasserdicht abschließenden Gehäuse untergebracht, das mit einer Blokkierung, d. h. mit einer zwangläufigen Verriegelung zu dem Zwecke aus-

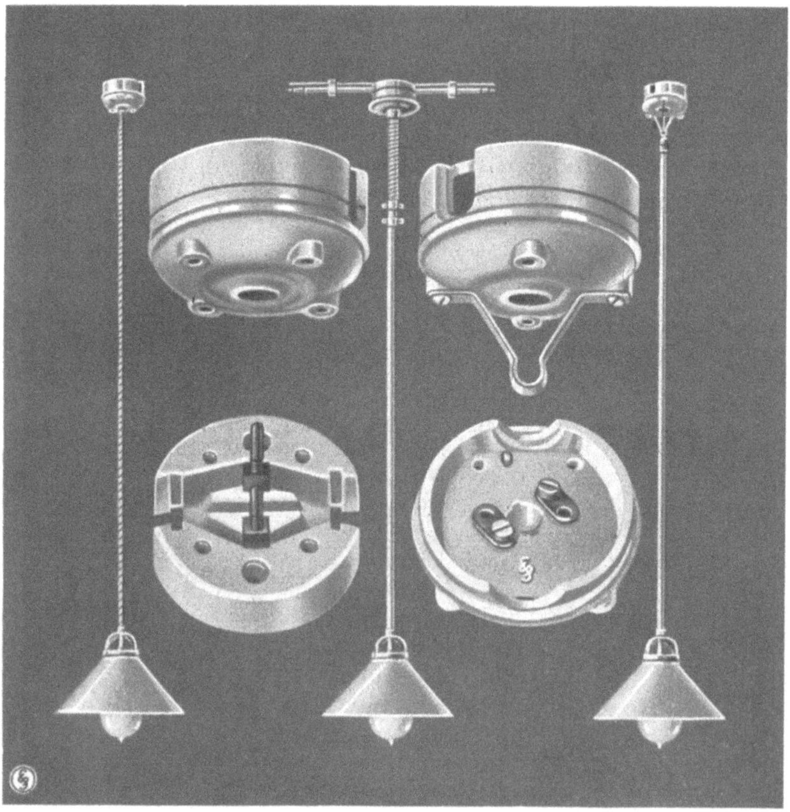

Bild 143. Zeta-Pendeldosen und ihre Anwendung

gestattet ist, daß das Herausziehen des Steckers und das Lösen der Sicherungseinsätze nur im spannungslosen Zustande, also ohne Auftreten von Funkenbildung erfolgen kann.

Zur Familie der Steckvorrichtungen kann man auch die *Zeta-Pendeldosen* rechnen, weil auch sie die Aufgabe haben, eine schnelle und bequeme Verbindung zwischen fester und biegsamer Leitung zu ermöglichen. Sie bestehen, dem Zeta-System entsprechend, aus zwei Teilen, von denen der Fuß der Steckdose und der Kopf dem Stecker entspricht (Bild 143). Sie bieten den schätzenswerten Vorteil, daß man die mit ihrer Hilfe aufzuhängenden Pendel (einfache hängende Beleuchtungskörper für eine Glühlampe) vorher am Werktisch fix und fertig zusammenbauen kann.

## F. Glühlampenfassungen.

Die Glühlampenfassung soll dazu dienen, die Glühlampe mit der Stromzuführung leitend und leicht lösbar zu verbinden, damit der Ersatz unbrauchbar gewordener Lampen durch neue ebenso schnell und bequem vor sich gehen kann wie der Austausch von Lampen verschiedener Lichtstärke, Form und Ausführung.

Bild 144. Verbandsnormale Metallfassung.

Von den seit 50 Jahren erfundenen und angewendeten Fassungs-Systemen hat sich die zuerst entwickelte, den Namen ihres Erfinders tragende *Edison-Fassung* (Bild 144) in Deutschland fast allgemein eingeführt und der Einheitlichkeit auf diesem Gebiete dank ihrer guten Eigenschaften zum Siege verholfen. Ihr Kennzeichen ist der mit grobem Schraubgewinde versehene innere Blechzylinder, dessen Abmessungen mit denen des ebenfalls als Schraube ausgebildeten Glühlampensockels übereinstimmen. Der die eine Zylinderöffnung abschließende Porzellansockel trägt die Klemmen für die Stromzuführungsdrähte und die den Stromweg nach der Glühlampe vermittelnden Kontakte. (Fassungen mit eingebautem Schalter verwendet man jetzt fast nur noch für tragbare Lampen, um zu vermeiden, daß die Handhabung des Steckers unter Strom geschieht.) Ein mehrteiliges Blechgehäuse mit Porzellanring an der Lampenseite bildet die äußere Hülle der Fassung.

Bild 145. Sava-Fassung mit verschiebbarem Schutzkragen an Stelle des Fassungsringes.

Außer der normalen Verbands-Edison-Fassung der soeben beschriebenen Art gibt es noch folgende besondere Ausführungsformen:

1. Verbands-Goliath-Fassung für große Glühlampen;
2. Edison-Fassung mit Steckdose, verwendbar außer für die Lampe selbst zum Anschluß von zwei anderen Stromverbrauchern;
3. Porzellan-Fassung ohne Metallgehäuse für feuchte Räume und hohe Spannungen;

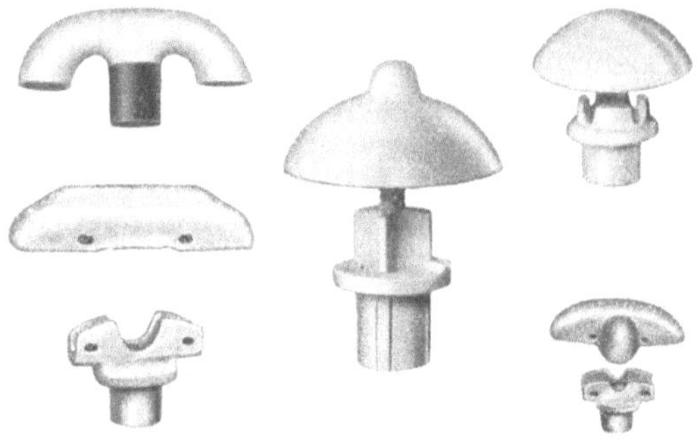

Bild 146. Dacheinführungsköpfe.

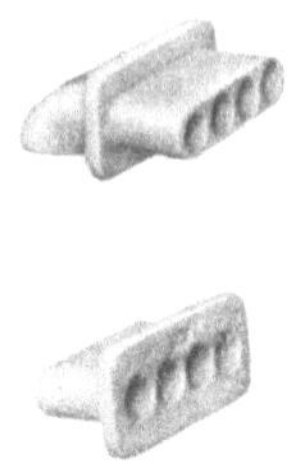

Bild 147. Wanddurchführungen.

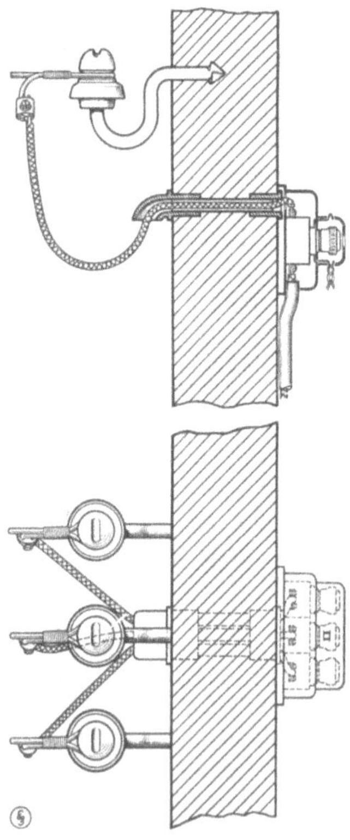

Bild 148. Wandeinführung mit Hausanschlußsicherung.

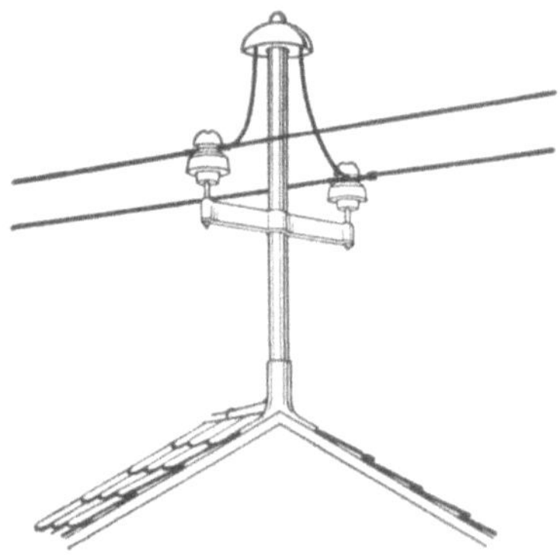

Bild 149. Abzweigung vom Dachständer.

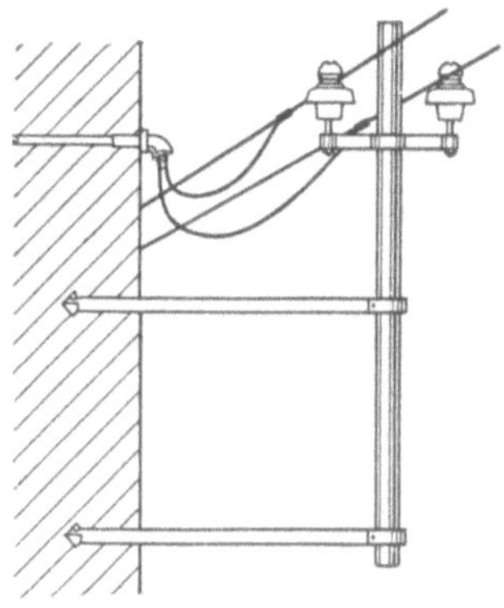

Bild 150. Abzweigung vom Ausleger.

4. Sava-Fassung mit in der Längsrichtung verschiebbarem federnden Schutzkragen, der zu jeder Glühlampe mit normalem Gewindesockel paßt und diesen bis zur Lampenglocke selbsttätig umschließt (Bild 145).
5. Decken- und Wandfassung zur unmittelbaren Befestigung an Decke oder Wand.

### G. Wanddurchführungen.

Aus den Darlegungen auf S. 90 geht hervor, daß diejenigen Stellen eines Leitungsnetzes am meisten Störungen ausgesetzt sind, die in der Wand zwischen dem Freien und dem Innern eines Gebäudes liegen, also dort, wo Leitungen in das Haus eingeführt werden. Zu den bereits erwähnten Sicherungs-Maßnahmen (Anthygron-Leitung, Ausgießen mit Isoliermasse u. a. m.) kommen die verschiedenartigen Wanddurch- und Einführungen aus Porzellan, deren wesentlichste Ausführungsformen und deren Einbau aus den Bildern 146—150 unschwer zu erkennen ist.

---

## V. Schwachstrom-Anlagen in der Landwirtschaft.

### A. Allgemeines.

Die elektrischen Schwachstromanlagen sind bisher in der Landwirtschaft noch nicht so verbreitet, wie die in den vorhergehenden Abschnitten behandelten Starkstromanlagen. Man erkennt wohl an, daß sie Annehmlichkeiten bieten und gewissermaßen Luxusbedürfnisse befriedigen, achtet aber in der Regel zu wenig darauf, daß sie auch eine große wirtschaftliche Bedeutung haben, und nutzt sie deshalb nicht ihrem Wert nach aus. Wo sie aber in landwirtschaftlichen Betrieben eingeführt sind, weiß man die durch sie gebotenen Vorteile: Arbeitsersparnis, Zeitersparnis und Betriebsicherheit wohl zu schätzen.

Jede Arbeit, die sich durch eine technische Einrichtung ebensogut oder besser machen läßt als durch einen Menschen, ist diesem abzunehmen, damit seine Kräfte dort verwendet werden, wo es keinen Ersatz für sie gibt. Zu den Arbeiten, die erst mittelbar wirtschaftliche Zwecke haben und von denen deshalb der Mensch nach Möglichkeit befreit werden sollte, gehören z. B. die Botengänge. Heute sind sie auf dem Lande häufig unentbehrlich; und doch liefert die Schwachstromtechnik eine ganze Reihe von Einrichtungen, die den größten Teil der Botengänge überflüssig machen, wie Fernsprecher, Klingel-, Wecker- und Signalanlagen. Auch eine bessere Ausnutzung der Arbeitskräfte ist vielfach zu erreichen. So erziehen z. B. selbsttätige elektrische Überwachungseinrichtungen die Arbeiter zu einer sorgfältigeren und dadurch wirtschaftlich nutzbringenderen Ausführung ihrer Arbeiten.

Mit der Ersparnis an menschlicher Arbeitskraft ist in der Regel eine Ersparnis an Zeit verbunden. Über Vorgänge im Betriebe, die sich sonst nur dadurch feststellen lassen, daß man den Ort des Vorganges selbst aufsucht und mehr oder weniger umständliche Prüfungen vornimmt, wie z. B. Temperatursteigerungen in Vorräten, geben elektrische Einrichtungen augenblicklich und durchaus zuverlässig Nachricht. In derselben Zeit, die man braucht, um einem Boten einen Auftrag zu geben oder um eine Nachricht niederzuschreiben, kann man durch elektrische Einrichtungen die zu benachrichtigenden Stellen selbst erreichen und, wenn erforderlich, auch von dort Antwort erhalten. Diese Ersparnis an Zeit ist von besonderem Werte, wenn es sich z. B. darum handelt, bei unbeständigem Wetter getroffene Anordnungen schnell zu ändern, bei sich häufender Arbeit rasch zu entscheiden, was am wichtigsten und zuerst zu erledigen ist, in Fällen der Gefahr sachverständige Hilfe in der kürzesten Zeit herbeizurufen.

Das Eintreten von Gefahren selbst wird durch elektrische Schwachstromeinrichtungen in vielen Fällen verhindert. Es ist ein ausgesprochener Zweck bestimmter Anlagen, die Sicherheit der Betriebseinrichtungen, Gebäude und Vorräte und damit des ganzen Betriebes selbst dadurch zu erhöhen, daß sie auf drohende Gefahren so rechtzeitig und nachdrücklich aufmerksam machen, daß es möglich ist, sich durch entsprechende Maßnahmen dagegen zu schützen, oder daß sie die Gefahr selbst abwenden. Dazu kommt, daß sie, wenn sie sachgemäß angelegt sind, durchaus zuverlässig und störungsfrei arbeiten und in sich selbst keinerlei Gefahren bergen.

Ein Vorteil der Schwachstromeinrichtungen ist endlich, daß Anwendung und Behandlung keinerlei Erschwerungen des Betriebes mit sich bringen, daß ihr Gebrauch keine besonderen Kenntnisse oder Fertigkeiten voraussetzt und daß Betriebs- und Unterhaltungskosten verschwindend gering sind.

## B. Signal- und Sucheinrichtungen.

Die einfachste Anlage, um mit Hilfe elektrischen Schwachstromes von einem Punkte aus nach einem anderen ein Zeichen zu geben, ist die elektrische Hausklingel, bestehend aus dem Druckknopf (Bild 151), der Leitung, der den Strom erzeugenden Batterie galvanischer Elemente und der Klingel bzw. dem Wecker (Bild 152). Soll ein solcher Wecker von verschiedenen Stellen aus betätigt werden, so vereinigt man mit ihm eine Fallklappentafel (Bild 153), die jeweils erkennen läßt, von wo aus gerufen worden ist, wohin also die oder der Gerufene kommen soll. Umgekehrt kann man natürlich auch mehrere Druckknöpfe an einer Stelle vereinigen, um von hier aus nach verschiedenen anderen Stellen Hörzeichen geben zu können. Soll in besonderen Fällen störendes Geräusch vermieden werden, kann an Stelle des Weckers eine Glühlampe, also ein Lichtsignal angeordnet werden, das solange wirksam ist, bis es abgestellt wird.

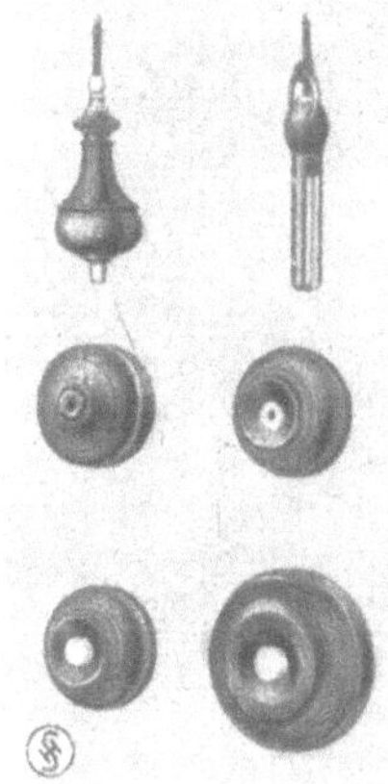

Bild 151. Druckknöpfe für Klingeln.

Im Gegensatz hierzu stehen die Einrichtungen, bei denen auf ein besonders lautes Hörzeichen Wert gelegt wird, sei es, daß es auf große Entfernungen, sei es, daß es in sehr geräuschvollen Räumen wirksam sein soll. Früher verwendete man hierzu vorzugsweise starke Wecker mit eigener Arbeitsbatterie oder Läutewerke mit Gewichtsaufzug, die durch Druck auf einen Druckknopf ausgelöst werden, eine Einrichtung, die z. B. im Eisenbahnwesen heute noch eine große Rolle spielt. Sonst kommen jetzt immer mehr elektrische Hupen und elektrische Sirenen zur Anwendung. Der Ton wird bei den Hupen (Bild 154) dadurch erzeugt, daß eine Membran in Schwingungen versetzt wird. Bei den elektrisch betriebenen Einrichtungen dieser Art, wie sie die Siemens & Halske A.-G. herstellt, kommt die tonerzeugende Membran dadurch in Schwingungen, daß ein ihr vorgelagerter Magnet sie abwechselnd anzieht und losläßt. Zur Verstärkung des Schalles wird vor der Membran ein entsprechend geformter Trichter aus Metall angebracht. Man kann elektrische Hupen mit Gleich- oder Wechselstrom betreiben, im ersteren Falle mit Schwach- (Batterie) oder Starkstrom (Maschinenstrom), im letzten Falle nur mit Starkstrom. Ihre äußere Ausrüstung richtet sich danach, ob sie in geschützten Räumen, im Freien oder in feuchten Räumen untergebracht werden.

Bild 152. Rasselwecker.

Bei Sirenen (Bild 155) entsteht der Ton dadurch, daß einem Luftstrom durch eine sich drehende und mit Öffnungen versehene Scheibe oder in ähnlicher Weise durch einen Zylindermantel in schneller Aufeinanderfolge der Weg freigegeben und wieder versperrt wird. Die Siemens & Halske A.-G. verwendet für die von ihr ausgeführten elektrischen Sirenen einen mit Öffnungen versehenen zylindrischen Körper, der unmittelbar mit

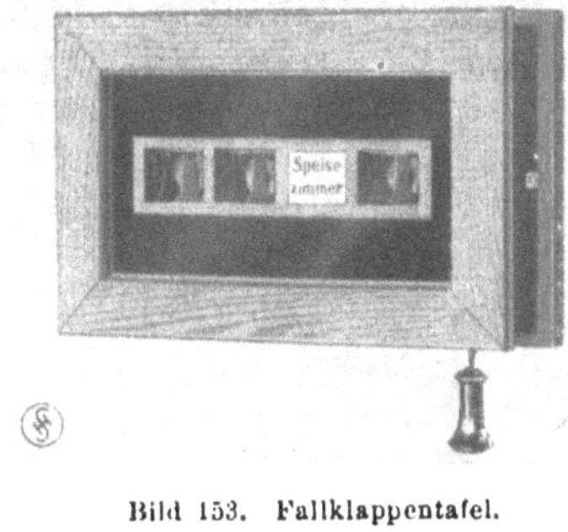

Bild 153. Fallklappentafel.

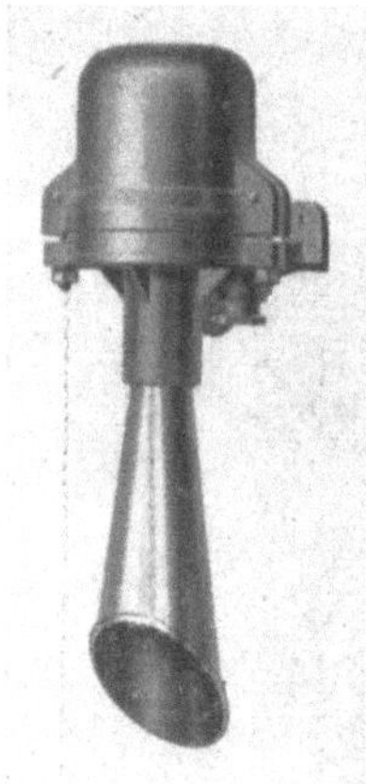

Bild 154. Hupe.

einem schnellaufenden Elektromotor gekuppelt ist und von diesem in Umdrehungen versetzt wird. Je nach der gewünschten Lautstärke werden Motoren zwischen 0,02 und 15 kW Leistung und für Gleich- oder Wechselstrom benutzt, der einem Starkstromnetz entnommen wird. Die kleinste Type kann jedoch auch durch Schwachstrom von 24 V Spannung betrieben werden. Als Vorzüge der elektrischen Sirene sind anzuführen:

Charakteristischer durchdringender Ton,
kleine Abmessungen,
geringer Stromverbrauch,
große Betriebsicherheit,
wenig Wartung,
stete Betriebsbereitschaft.

Diese Geräte eignen sich im allgemeinen zum Alarmieren bei Eintritt einer Gefahr und zum Bekanntgeben des Beginnes und Schlusses der Arbeitszeiten. Sie können entweder von Hand oder dort, wo die Arbeitszeiten nicht zu oft wechseln, durch die Hauptuhr des Gutes auf elektrischem Wege betätigt werden. Die einfache Klingelanlage wird zweckmäßigerweise zum Wecken benutzt und hierfür besonders eingerichtet. Entweder bringt man im Schlafraum der zu Weckenden eine Glocke an, die solange läutet, bis sie an einer vom Bett aus nicht erreichbaren Stelle abgestellt wird, oder man verwendet Rücksignaleinrichtungen. Ertönt das Signal, so muß einer der Schläfer aufstehen und durch Druck auf den Knopf dem Weckenden ein Zeichen geben, daß der Weckruf erfolgreich gewesen ist.

## C. Fernsprechanlagen.

Während die in dem Abschnitt B beschriebenen Anlagen nur Zeichen aussenden, um an irgendeiner anderen Stelle eine Wirkung auszuüben, ist der Fernsprecher ein Mittel, zwischen mehreren voneinander entfernten Stellen eine mündliche Verständigung zu erzielen. Diese Einrichtung hat sich im Laufe der Zeiten zu einem unentbehrlichen Verkehrsmittel entwickelt. Trotzdem findet man sie im Inneren landwirtschaftlicher Betriebe verhältnismäßig wenig angewendet, obwohl sie auch hier wesentlich dazu beitragen kann, Zeit und Kraft zu sparen. Die einfachste Anlage dient zur Verbindung zweier Sprechstellen miteinander und besteht aus zwei Apparaten zum Sprechen und Hören, der Batterie aus nassen oder trockenen Elementen, die als Stromquelle für die Mikrophone der Sprechapparate und für den elektro-

Bild 155. Motorsirene.

magnetischen Weckeranruf dienen, und aus der Verbindungsdrahtleitung.

Sollen 3 Sprechstellen miteinander verkehren können, dann müssen von jeder Stelle aus zwei Leitungen ausgehen, die durch Umschalter mit der anrufenden Stelle verbunden werden, je nachdem man die eine oder andere Stelle anrufen will. Mit der Zahl der Sprechstellen wächst die Zahl der Verbindungsleitungen sehr erheblich und an Stelle der einfachen Umschalter treten die „Hebel-Linienwähler" (Bild 156).

Bild 156.
Hebellinienwähler-Tischstation.

Von der Zahl der Sprechstellen und von den Entfernungen zwischen ihnen hängt es ab, wann die wirtschaftliche Grenze einer Anlage der bisher geschilderten Art erreicht ist. Dann muß diese durch eine andere ersetzt werden, die dadurch gekennzeichnet ist, daß von sämtlichen Sprechstellen je eine Leitung nach einer Zentralstelle geführt wird, wo während der Betriebszeit dauernd jemand anwesend ist, um die gewünschten Verbindungen herstellen zu können. Zu diesem Zwecke wird neben einem Sprechapparat ein Zentralumschalter angebracht, an dem man die Verbindungen nicht nur zwischen den eigenen Sprechstellen, sondern gegebenenfalls auch mit dem Postfernsprechamt herzustellen vermag. Das zufriedenstellende Arbeiten der Anlage dieser Art ist in hohem Maße von der Zuverlässigkeit des Personals abhängig. Deshalb ist es oft erwünscht, an die Stelle der Vermittlungsperson eine selbsttätig arbeitende mechanische Einrichtung zu setzen. Diesem Wunsche entspricht das von der Siemens & Halske A.-G. ausgearbeitete System der selbsttätigen Vermittlungseinrichtung. Äußerlich unterscheiden sich die Sprechstellen einer selbsttätigen Fernsprechanlage dadurch von anderen, daß jede, wie Bild 157 zeigt, mit einer Fingerscheibe ausgerüstet ist. Eine solche um ihren Mittelpunkt drehbare Scheibe trägt am Rande 10 Öffnungen, die mit den Zahlen 1 bis 9 und 0 bezeichnet sind. Will man einen Teilnehmer anrufen, z. B. denjenigen, der die Anschlußnummer 37 hat, so hebt man den Hörer ab, legt einen Finger in die mit 3 bezeichnete Öffnung, dreht die Scheibe herum, bis der Finger an einen Anschlag stößt und läßt sie los. Sobald sie in ihrer Ruhestellung angekommen ist, wiederholt man das Drehen, diesmal von der mit 7 bezeichneten Öffnung aus. Ist die Scheibe dann wieder zurückgelaufen, so ist die Ver-

Bild 157. Selbsttätige Tischstation.

bindung mit dem Teilnehmer 37 hergestellt und bei diesem ertönt der Anrufwecker, was der Rufende an einem bestimmten im Hörer vernehmbaren Zeichen deutlich erkennen kann. Sollte der gerufene Teilnehmer bereits eine Gesprächsverbindung haben, so kündigt sich dies durch ein anderes hörbares Zeichen, das „Besetztzeichen", an. Die Trennung der Verbindung nach beendetem Gespräch erfolgt ebenfalls selbsttätig beim Auflegen des Hörers. Unmittelbar darauf ist die Einrichtung wieder bereit, eine neue Verbindung herzustellen. Man erspart bei der selbsttätigen Fernsprechanlage jedes Vermittlungspersonal und damit auch die Gehälter dafür, vermeidet die sonst leicht möglichen Verzögerungen, Mißverständnisse, Falschverbindungen und vorzeitigen Trennungen und hat zudem den Vorteil, eine größere Anzahl von Gesprächen schnell hintereinander erledigen zu können. Anlagen nach dem Selbstanschlußsystem baut die Siemens & Halske A.-G. nicht nur für größere, sondern auch für kleine Betriebe. Erwähnt seien z. B. die Kleinautomaten für 23 (oder weniger) Teilnehmeranschlüsse (Bild 158). Wichtig ist, daß es bei solchen Privatanlagen auf sehr einfache Weise möglich ist, daß die Sprechstellen, die nach den Bestimmungen der Post überhaupt dazu berechtigt sind (Postnebenstellen), auch Verbindungen über das öffentliche Amt erhalten, gleichgültig, ob dieses ein handbedientes oder automatisches Amt ist.

Bild 158. Kleinautomaten-Zentrale im Schrank.

Da nach dem soeben beschriebenen System schon zahlreiche Anlagen aller Größen ausgeführt und als außerordentlich zweckmäßig befunden worden sind, sollte die Landwirtschaft auch auf diesen Zweig der Technik ihr Augenmerk richten, wenn sie sich ernstlich mit der Verbesserung ihrer Betriebseinrichtungen beschäftigt.

## D. Sicherungseinrichtungen.

Dort, wo Sach- oder Geldwerte durch Feuer oder Diebstahl gefährdet sind, bietet der elektrische Strom das geeignetste Mittel, sich gegen diese Gefahren zu schützen, ohne von der Aufmerksamkeit und Zuverlässigkeit eines Menschen oder Tieres als Wächter abhängig zu sein; in erster Linie stehen hier

a) die selbsttätigen Feuermelder

deren Durchbildung die Siemens & Halske A.-G. schon seit Jahrzehnten mit gutem Erfolge besondere Aufmerksamkeit gewidmet hat und die für landwirtschaftliche Betriebs-, Wohn- und Lagerräume mindestens ebenso zu empfehlen sind wie für Fabriken, Mühlen (Bild 159), Speicher u. a. m., wo sie in großem Umfange schon längst verwendet werden.

Eine solche Feuermeldeanlage besteht im wesentlichen aus den in den gefährdeten bzw. zu sichernden Räumen an passender Stelle angebrachten selbsttätigen Feuermeldern, der Empfangseinrichtung an der Stelle, wohin etwaige Brandgefahren und deren Ausgangspunkte mittels Weckern, Lichtsignalen, Klappenschränken usw. gemeldet werden sollen, um Hilfe leisten oder heranrufen zu können, den Verbindungsleitungen und den zum Betrieb erforderlichen Ruhestrombatterien, Akkumulatoren u. a. m. Die Siemens & Halske A.-G. führt 3 Arten von Meldern aus, von denen der Schmelzlotmelder der einfachste und billigste ist. Seine wirksamen Teile sind zwei an einem Isolierkörper angebrachte und von einem Schutzkorb umgebene federnde Metallstreifen, deren freie Enden durch ein Lot zusammengehalten werden, dessen Schmelzpunkt bei etwa 70° C liegt. Sobald eine Wärmequelle von etwa 60° C das Schmelzlot trifft, wird es bereits weich und die beiden Metallstreifen federn auseinander. Damit wird der durch diese Streifen fließende elektrische Ruhestrom unterbrochen und ein Signal in der Empfangseinrichtung ausgelöst.

Bild 159.
Selbsttätige Feuermelder in einer Mühle.

Den Vorzügen der Einfachheit und Billigkeit dieser Meldeart steht der Nachteil gegenüber, daß sie ein für allemal nur bei einem bestimmten Wärmegrad ansprechen und daß sie vor einer Wiederverwendung neu gelötet werden müssen, wobei Fehler (z. B. durch Benutzung ungeeigneten Lotes) vorkommen können, so daß die Betriebszuverlässigkeit vermindert wird.

Diese Mängel sind bei der zweiten Art, dem Maximalmelder mit doppelter Metallfeder (Bild 160) beseitigt. Seine Arbeitsweise be-

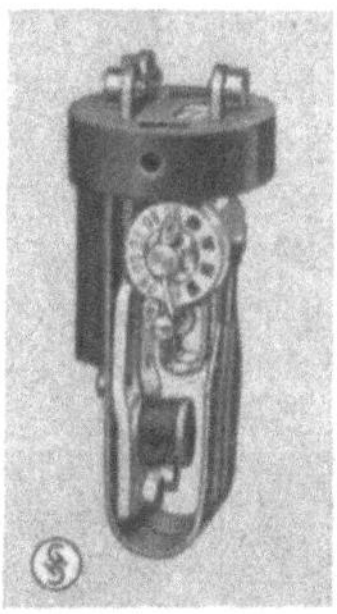

Bild 160. Selbsttätiger Feuermelder (Maximalmelder).

ruht darauf, daß sich ein U-förmig gebogener Blechstreifen, der aus zwei verschiedenen aneinander befestigten Metallen besteht, bei Erwärmung infolge der ungleichen Ausdehnung der beiden Metalle aufbiegt und dadurch den Stromkreis einer Signalleitung schließt oder unterbricht. Als Metalle sind solche mit weit auseinanderliegenden Ausdehnungskoeffizienten gewählt. Je nachdem, ob die Meldung durch Kontaktöffnung (Ruhestromschaltung) oder Kontaktschluß (Arbeitstromschaltung) erfolgen soll, liegt das Metall mit dem höheren Ausdehnungskoeffizienten auf der Innen- oder der Außenseite des gebogenen Streifens. Die beiden Metalle werden bei einem Druck von etwa 100 $kg/cm^2$ aufeinandergewalzt und geschweißt, infolgedessen ist der Zusammenhalt ein derartiger, daß sich die Streifen sogar beim Erhitzen auf Weißglut nicht trennen. Durch die Ausgestaltung des Melders ist erreicht, daß der Blechstreifen die ihm zuströmende Wärme sehr schnell aufnimmt.

Der Abstand der kontaktgebenden oder aufhebenden Teile kann durch eine Stellschraube mit Skala verändert und dadurch der Melder so eingestellt werden, daß er auf eine beliebige Temperatur zwischen 40 und $90^0$ C, bei einer anderen Ausführungsform zwischen 100 und $150^0$ C anspricht. Nachdem die Wärme im Bereich des Melders nachgelassen hat, ist er ohne weiteres wieder betriebsbereit.

Die dritte Art, der Differentialmelder (Bild 161), trägt der Forderung Rechnung, daß in besonderen Fällen, z. B. in Räumen mit stark wechselnder Temperatur, die Meldung nicht nur von einem bestimmten Wärmegrad abhängig gemacht wird, sondern auch von der Geschwindigkeit der Wärmezunahme. Dieser Forderung wird dadurch entsprochen, daß neben dem oben geschilderten Maximalmelder in demselben Schutzkorb ein U-förmig gebogenes, vollständig verschlossenes Glasrohr angebracht wird. Dieses wird über die Hälfte mit Quecksilber gefüllt, das bei gleichbleibender Wärme in beiden Schenkeln gleich hoch steht. Über dem Quecksilber befindet sich eine geringe Menge einer leicht verdampfenden Flüssigkeit. In beiden Schenkeln sind Platindrähte eingeschmolzen, an deren Ösen die Zuführungsleitungen eines elektrischen Stromkreises angelötet werden, während sie im Innern — bei gleichbleibender Wärme — mit dem Quecksilber den geschlossenen Kontakt für durchfließenden Ruhestrom bilden. Die beiden Rohrschenkel haben verschiedene Wandstärken. Infolgedessen dringt die Wärme bei plötzlicher Temperatur-

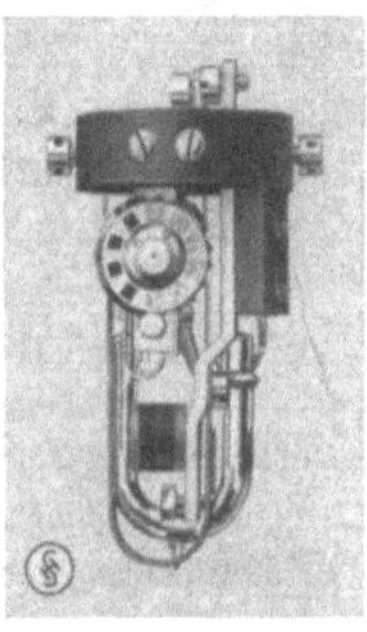

Bild 161. Selbsttätiger Feuermelder (Differentialmelder).

zunahme in das Innere des Schenkels mit geringer Wandstärke schneller ein als in den anderen und bewirkt dort eine schnellere Druckerhöhung der zu Gas verdampften Flüssigkeit. Es entsteht also ein Gasüberdruck mit der Wirkung, daß die Quecksilbersäule in diesem Rohrteil heruntergedrückt wird und schließlich den Platindraht nicht mehr berührt: der Stromkreis wird unterbrochen und dadurch die Meldung in der Empfangseinrichtung veranlaßt. Auch dieser Melder ist nachher ohne weiteres betriebsbereit, sobald der Kontakt zwischen Quecksilbersäule und Platindraht wieder hergestellt ist.

### b) Sicherungsanlagen gegen Einbruchdiebstahl.

Wenn auch auf dem Lande Einbruchdiebstähle nicht so zahlreich auftreten wie in den Großstädten mit ihren Banken und Geschäftshäusern, so wird es doch auch hier in besonderen Fällen zweckmäßig sein, Vorkehrungen zu treffen, die selbsttätig etwaige Einbruchsvorbereitungen dorthin melden, wo Hilfsbereitschaft vorhanden ist. Es sei darauf hingewiesen, daß auch für diese Zwecke der elektrische Strom unentbehrlich ist. Die Siemens & Halske A.-G. baut z. B. eine Sicherungseinrichtung, die am Kassenschrank angebracht wird (Bild 162), und die gegen jede Berührung des Schrankes oder gegen Erwärmungen, wie sie z. B. durch Stichflammen hervorgerufen werden, außerordentlich empfindlich ist, während sie bei Erschütterungen, die das ganze Gebäude treffen, nicht anspricht. Die in einem Rohr untergebrachte Pendel-Kontakteinrichtung ist ohne Mühe auf jeden Grad der Empfindlichkeit einzustellen. Die Leitungen vom Pendel zu der Alarmvorrichtung sind so geschaltet, daß es unmöglich ist, durch Abschneiden von Drähten oder durch Verbinden der Leitungsdrähte miteinander die Sicherheitsvorrichtung außer Betrieb zu setzen, ohne daß alarmiert wird. Jeder Eingriff in die Sicherungsanlage, von berufener oder unberufener Seite, wird also durch ein Alarmzeichen bekanntgegeben.

Bild 162.
Einbruchsicherung an einer Tresortür.

Man kann endlich dafür sorgen, daß die Türen, die zu besonders zu sichernden Räumen führen, durch Druck auf einen Knopf elektrisch verriegelt werden und somit unbefugt eingedrungenen Personen den Ausgang versperren.

## E. Elektrische Uhren und Fernmeldeanlagen.

Der Vollständigkeit halber seien einige Anwendungsgebiete des elektrischen Schwachstromes erwähnt, die unter Umständen auch für die Landwirtschaft bedeutungsvoll sein können.

### a) Elektrische Zentral-Uhrenanlagen

gewähren den Vorteil, daß man von einer genau gehenden Hauptuhr (Bild 163) aus eine beliebige Anzahl Unterhauptuhren sowie Nebenuhren elektrisch betreiben und in übereinstimmendem Gange halten kann. Die Nebenuhren (Bild 164 a, b) haben kein eigenes Gangwerk, brauchen also nicht aufgezogen zu werden, bedürfen keiner ständigen Wartung und können daher auch an schwer zugänglicher Stelle angebracht werden. Elektrische Uhrenanlagen werden auch in Verbindung mit Signaleinrichtungen, Zeitdienst- und Zeitkontrollapparaten geliefert. Auch Turmuhren lassen sich durch die Zentraluhr betreiben. Bei größeren Uhren dieser Art, deren Zeiger schwerer sind, werden diese durch einen Motor gestellt.

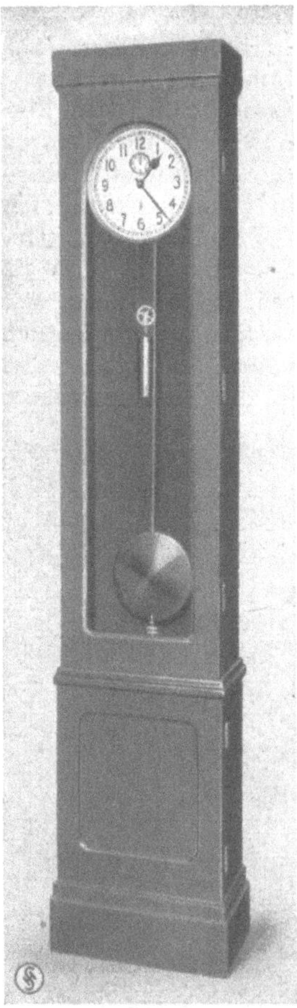

Bild 163.
Hauptuhr im Standgehäuse.

Die Werke zeichnen sich durch außerordentliche Einfachheit und geringe Größe aus. Mit einer Steuerung zum Einschalten des Motors versehen, wird das Turmuhrwerk wie eine Nebenuhr an das Netz einer Hauptuhr oder Zentraluhrenanlage angeschlossen. Wird der Motor statt mit Akkumulatoren direkt vom Netzstrom betrieben, so wird die Kontaktvorrichtung so ausgebildet, daß die Uhr beim Versagen des Stromes zwar stehen bleibt, sich aber nach Instandsetzen der Stromzuführung von selbst wieder auf die richtige Zeit einstellt.

### b) Elektrische Wasserstandsfernmelder.

Durch elektrische Wasserstandsfernmelder lassen sich Wasserstände an Anzeigegeräten auf jede gewünschte Entfernung leicht kenntlich machen. Eine solche Einrichtung besteht aus einem Schwimmer, der sich mit dem steigenden und fallenden Wasser hebt und senkt. Bei dieser Bewegung betätigt er ein Schaltwerk, von diesem in die Fernleitung gesandte Stromstöße wirken in dem Empfangsapparat auf einen Zeiger, dessen Stellung auf beliebige Abstufungen genau die Höhe des Wasserstandes angibt. Außer dem Zeigerapparat läßt sich auch eine Registriervorrichtung anordnen, die selbsttätig die Veränderungen des Wasserstandes mit der Zeit aufzeichnet. Man kann damit auch Alarmeinrichtungen verbinden, die ansprechen, wenn unzulässig hohe oder tiefe Wasserstände auftreten, und die z. B. bei plötzlich eintretenden Überschwemmungen, bei Dammbrüchen, Undichtigkeiten an Wehren oder Leerlaufen von Hochbehältern daran mahnen, daß schleuniges Eingreifen geboten ist. Seitdem zum Antrieb der Pumpen in Wasserversorgungsanlagen immer häufiger der Elektromotor benutzt wird, richtet man es gern so ein, daß der Pumpenmotor selbsttätig angelassen wird, wenn der Wasserstand unter eine bestimmte Höhe gesunken ist und abgestellt wird, wenn der Höchststand erreicht ist. Die Schalteinrichtung hierfür kann man ebenfalls mit der Fernmeldeanlage verbinden und die Schaltvorgänge durch den Schwimmer bzw. das von ihm bewegte Schaltwerk beeinflussen lassen.

Bild 164a. Elektrische Nebenuhr zum Aufstellen im Freien.

### c) Elektrische Fernthermometer

werden öfters als die anderen in diesem Abschnitt behandelten Anlagen in der Landwirtschaft und deren Nebenbetrieben mit Vorteil angewendet, und zwar vorzugsweise dort, wo frisch eingelagerte Ernteerzeugnisse durch Selbsterwärmung heiß werden. Diese Erwärmung ist ein ganz natürlicher Vorgang, und eine wichtige Aufgabe bei Speicherarbeiten z. B. ist es, sie so zu leiten, daß schädliche Erhitzungen, die die Haltbarkeit und Verwendungsfähigkeit des gelagerten Gutes beeinträchtigen könnten, nicht auftreten. Sind die Arbeitskräfte knapp, so hat man nicht immer Gelegenheit, das Umschaufeln, Durchharken und Durchlüften regelmäßig in den aus der Erfahrung heraus festgestellten Zeiträumen vorzunehmen, sondern man geht erst dann an diese Arbeiten, wenn plötzliche Temperatursteigerungen oder zu hohe Wärmegrade sie dringend notwendig machen. Zeitraubend und lästig ist es jedoch, daß man zum Feststellen der Temperaturen jedesmal das gelagerte Gut selbst aufsuchen muß, und daß es in der Regel schwer, wenn nicht unmöglich ist, gerade an diejenigen Stellen heranzukommen, an

Bild 164b. Elektrische Nebenuhr für Innenräume.

denen sich erfahrungsgemäß unerwünschte Wärmevorgänge zunächst zeigen. Leicht, ohne Zeitverlust und ohne daß man die Meßstellen selbst aufsuchen müßte, lassen sich dagegen Temperaturen mit elektrischen Fernthermometern überwachen.

Die eigentlichen Thermometer, dünne Drahtspiralen, die durch eine ausreichend starke Bewehrung gegen Fußtritte, Schaufelstöße und sonstige rauhe Behandlung geschützt sind, läßt man dauernd an den Stellen, deren Temperatur beobachtet werden soll. Man ordnet sie z. B. fest in geringer Höhe über dem Fußboden des Speichers so an, daß sie mitten in die Getreideschüttung zu liegen kommen (Bild 165), man packt sie mit in ein Gefach der Scheune zwischen Heu oder Getreide, das nicht ganz trocken ist, oder bringt sie in den Halm- oder Hackfruchtmieten unter. Von jedem Thermometer führt man Leitungen zu einem Temperaturzeiger, einem elektrischen Zeigermeßinstrument, dessen Skala nach Temperaturgraden geeicht ist. Den Temperaturzeiger kann man beliebig weit von den Thermometern entfernt, etwa im Zimmer des Inspektors oder des Hofverwalters, unterbringen. Wäre nur ein Thermometer und ein Temperaturzeiger vorhanden, so würde dieser, solange er mit dem Thermometer verbunden ist, die Temperatur derjenigen Stelle angeben, an der er sich befindet. Nun braucht man aber gar nicht die dauernde Temperaturanzeige. Es genügt vollkommen, daß der

Bild 165. Elektrischer Fernthermometer in einem Getreidespeicher.

Temperaturzeiger den an irgendeiner Stelle vorhandenen Wärmegrad dann anzeigt, wenn man ihn wissen will. Man kann es deshalb einrichten, daß man an einem und demselben Temperaturzeiger die Wärmegrade sämtlicher vorhandenen Meßstellen abliest, indem man durch eine einfache Schaltvorrichtung immer dasjenige Thermometer mit dem Temperaturzeiger in Verbindung bringt, dessen Temperatur man zu kennen wünscht (Bild 166).

Das Wernerwerk führt die Schalter mit Druckknöpfen aus und ordnet sie auf einem. Schaltbrett unterhalb des Temperaturzeigers an. Ein Schild neben jedem Druckknopf gibt an, an welcher Stelle sich das zu ihm gehörende Thermometer befindet. Drückt man einen der Knöpfe, so gibt der Temperaturzeiger den Wärmegrad des entsprechenden Thermometers so lange an, bis ein anderes Thermometer angeschlossen oder ein besonderer Auslöseknopf gedrückt wird. Das Ablesen geht also sehr schnell, ohne daß man den Ort selbst aufzusuchen braucht, dessen Temperatur man kennen will. Am besten nimmt man die Messungen regelmäßig zu bestimmten Zeiten vor und trägt die Ergebnisse in eine vorgerichtete Tafel ein, damit man bei einem Vergleich der Werte sofort sehen kann, welchen Gang die Temperatur an den einzelnen Stellen nimmt, ob sie gefährlich hoch wird oder, was immer ein Warnungszeichen ist, ob sie ungewöhnlich schnell ansteigt.

Bild 166. Temperatur-Meßstelle mit Tastenumschalter in einer Mühle.

Berücksichtigt man, welche Werte unter Umständen durch die Selbsterwärmung vernichtet werden können, so fallen diesen gegenüber die Anschaffungskosten für eine Fernthermometeranlage nicht ins Gewicht, zumal da der Verbrauch an elektrischem Strom, der z. B. einigen Trockenelementen entnommen wird, sehr gering ist.

Aber nicht nur in rein landwirtschaftlichen Betrieben bieten die elektrischen Fernthermometer große wirtschaftliche Vorteile, auch in den landwirtschaftlichen Nebenbetrieben sind sie durchaus am Platze. Die meisten dieser Betriebe, wie Molkerei, Brennerei, Brauerei, Zichorien- und Obstdarren, arbeiten mit künstlicher Wärme oder Kälte, woraus schon die Notwendigkeit einer recht sorgfältigen Temperaturbeobachtung erhellt. Für jeden dieser Betriebe gibt es bestimmte Temperaturen, in der Molkerei z. B. beim Schleudern der Milch, im Reifekeller für die Sahne, beim Buttern, in der Mälzerei und Brauerei, bei der Darre, im Gärkeller, im Heferaum usw., die auf das wirtschaftliche Erträgnis des Betriebes besonders günstig einwirken. Entweder wird die Ausbeute gesteigert, oder es wird Zeit beim Ausbringen gespart, oder es ist, was beim Bezug von Antriebskraft besonders ins Gewicht fällt, eine geringere Arbeitsmenge aufzuwenden, oder es werden endlich dem Erzeugnis bestimmte Eigenschaften verliehen, die ihm einen höheren Preis beim Verkauf sichern. Zuweilen lassen sich mehrere dieser Vorteile gleichzeitig erreichen. Kommt z. B. die Sahne mit der richtigen Temperatur ins Butterfaß, so dauert das Buttern kürzere Zeit, es wird weniger Triebkraft gebraucht, und die Ausbeute an Butter wird größer. In allen derartigen Nebenbetrieben, in denen mit Wärme oder Kälte gearbeitet wird, hat deshalb ein gewissenhafter Betriebsleiter das größte Interesse daran, sich davon zu überzeugen, ob die von ihm den Arbeitern vorgeschriebenen Temperaturen wirklich eingehalten werden. Eine elektrische Fernthermometeranlage ermöglicht es ihm, die Überwachung von einem Zimmer aus vorzunehmen, ohne daß das Personal etwas davon merkt. Schon die Tatsache allein, daß eine Fernthermometeranlage vorhanden ist, pflegt in der Regel zu veranlassen, daß die Angestellten ihren Dienst aufmerksamer und sorgfältiger wahrnehmen.

Bild 167. Temperaturschreiber.

Will der Betriebsleiter nicht nur die jeweilige Temperatur feststellen, sondern genau wissen, wie sich diese im Laufe der Zeit geändert hat, und ob sie stets innerhalb der zulässigen Grenzen geblieben ist, so empfiehlt es sich, registrierende Fernthermometer aufzustellen, die selbsttätig den Verlauf der Temperatur an irgendeiner Stelle als Kurve auf einem Papierstreifen aufzeichnen (Bild 167). Aus den Aufzeichnungen kann der Betriebsleiter auch nach längerer Abwesenheit erkennen, ob seine Angestellten ihren Verpflichtungen richtig nachgekommen sind; sie geben auch, wenn sich nachträglich herausstellt, daß ein Erzeugnis besonders gut oder schlecht ausgefallen ist, Anhaltspunkte dafür, ob dies auf die Art der Wärmebehandlung zurückzuführen ist. In Sammelmolkereien kann durch registrierende Fernthermometer der Nachweis geliefert

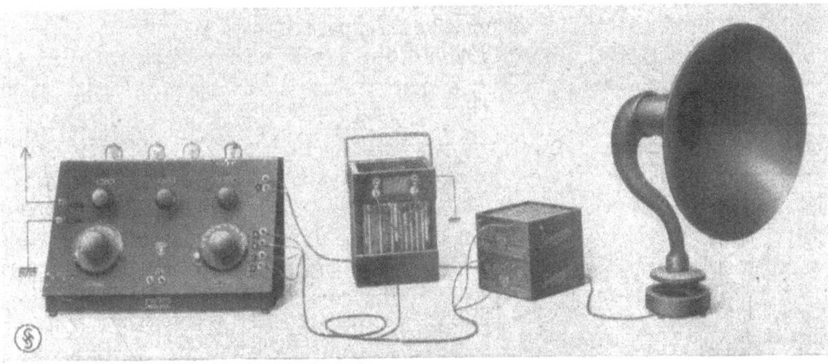

Bild 168. Siemens-Vierröhren-Gerät mit Heiz- und Anodenbatterie und Lautsprecher.

werden, daß beim Keimfreimachen der wieder in den Verkehr gegebenen Magermilch die von der Behörde vorgeschriebene Temperatur eingehalten worden ist.

### F. Rundfunk.

Das jüngste Kind der Elektrotechnik ist der Rundfunk.

Es ist hier nicht der Ort, die theoretischen Grundlagen des Rundfunks zu erörtern. Doch sollen wenigstens die Empfangseinrichtungen, als Erzeugnisse der Schwachstromtechnik, kurz besprochen werden.

Für einen befriedigenden Empfang ist außer einer sachgemäß angelegten Frei- oder auch Innenantenne ein guter Empfangsapparat nötig. Ist der nächste Sender nicht allzuweit entfernt und begnügt man sich damit, die Darbietungen mit Kopfhörern aufzunehmen, so reicht ein einfacher Detektorapparat aus. Von Siemens & Halske werden solche Apparate mit Doppelkristall-Detektor in solider und gefälliger Ausführung hergestellt. Will man mit dem Detektorapparat einen Lautsprecher betreiben, so ist dazu noch ein Niederfrequenz-Verstärker nötig. Höheren Ansprüchen an Reichweite des Empfanges genügen Röhrenempfangsgeräte wie das Vierröhren- und das Neutroempfangsgerät (Bild 168 u. 169). Besonders der zuletzt genannte Apparat kann auch den verwöhntesten Rundfunk-

Bild 169. Siemens-Neutrogerät.

hörer befriedigen. Alle Siemensschen Apparate sind so gebaut, daß mit ihnen auch ein Laie ohne eingehende physikalische und elektrotechnische Kenntnisse nach einer beigegebenen Gebrauchsanweisung mit gutem Erfolge arbeiten kann.

Auch bei den Geräten, durch die die elektrische Energie wieder in Schallenergie umgesetzt wird, den Kopfhörern und Lautsprechern, kommt sehr viel auf gute Bauart an. Die Kopfhörer (Bild 170) dürfen nicht so schwer sein, daß sie bei längerem Gebrauch dem Hörenden lästig werden, sie müssen so eingerichtet sein, daß sie gut sitzen, ohne zu drücken und dabei selbstverständlich klare und klangschöne Wiedergabe gewährleisten. Die zuletzt genannte Forderung ist ganz besonders auch an die Lautsprecher zu stellen.

Bild 170. Siemens-Kopfhörer für Rundfunkempfang.

Die etwaige zweifelnde Frage des landwirtschaftlichen Lesers, ob und welchen Wert denn der Rundfunk für ihn und seinen Betrieb habe, kann dahin beantwortet werden, daß für den auf dem Lande Lebenden der Rundfunk einen erheblich höheren Wert hat als für die Bewohner der Stadt. Durch die Darbietungen des Rundfunks ist nicht nur für Unterhaltung gesorgt, sondern, was wichtiger ist, für Belehrung und für die wirtschaftlichen Belange des Landwirtes. So geben z. B. die Berliner Rundfunksender jeden Wochentag $10^{15}$ vorm., $1^{15}$ nachm. und abends gegen 10 Uhr die neuesten Wetternachrichten, $3^{10}$ nachm. mit genauer Zeitangabe Bericht über die Landwirtschaftsbörse. Sie geben außerdem vormittags, nachmittags und abends die sonstigen neuen Nachrichten. An einigen Wochentagen $12^{30}$ Uhr mittags gibt es „eine Viertelstunde für den Landwirt". Jeden Sonntagnachmittag 3 Uhr wird ein Vortrag aus dem Gebiete der Landwirtschaft verbreitet, und auch unter den Vorträgen, die täglich zwischen 7 und $8^{30}$ nachm. gehalten werden, gibt es oft solche, die die besonderen Belange der Landwirtschaft behandeln und die sich über die Gebiete der Wissenschaft, Kunst und des Lebens verbreiten.

Und die reichen Unterhaltungsgaben musikalischer und dichterischer, ernster und heiterer Art, deren Quellen dem Landwirt meist zu fern liegen, als daß er sie unmittelbar genießen könnte, gehören neben dem Film zu den wichtigsten Mitteln, die Landflucht einzudämmen, die Stimmung und Arbeitsfreudigkeit der männlichen und weiblichen Landarbeiter zu erhöhen, gleichzeitig aber ihre Geselligkeit zu veredeln. Von hier aus gesehen ist der Rundfunk gerade für den Landwirt nicht etwa eine Spielerei, sondern ein Kulturmittel, dessen Wichtigkeit nicht hoch genug eingeschätzt werden kann.

# VI. Wirtschaftliche Fragen.

## A. Allgemeines.

Wenn an den Inhaber, Pächter oder Bewirtschafter eines Landgutes die Frage herantritt, ob und in welchem Umfange er sich an das Leitungsnetz eines Überlandwerks anschließen oder auf andere Weise elektrischen Strom in seine Wirtschaft einführen soll, dann gilt es, Überlegungen anzustellen, deren Grundlagen ihm vielfach nicht geläufig sind. Sie fallen vorzugsweise in die Gebiete Technik und Wirtschaft, beschränken sich aber nicht auf ihre elektrotechnische Seite, sondern greifen über auf die landwirtschaftliche Maschinentechnik überhaupt und auf den Einfluß technischer Maßnahmen und Änderungen auf den gesamten Wirtschaftsplan des Gutes. Sie sollen ihm schließlich zu der Beantwortung der letzten und wichtigen Frage verhelfen: Wie ist das Verhältnis zwischen Ausgaben und Einnahmen oder mit anderen Worten: Was verdiene ich, wenn ich in der bisherigen Weise weiter wirtschafte, und was, wenn ich mir die Hilfsmittel der Technik zunutze mache, wie es die Elektrizitätsanwendung ermöglicht? Ein Punkt darf hier freilich nicht übersehen werden. Die Vorteile, die man durch die Betriebsänderung zu erreichen sucht, sind nicht allein vom Standpunkt des Geldverdienens aus zu beurteilen, sondern auch im Hinblick auf die Annehmlichkeiten, Bequemlichkeiten und Erleichterungen, die allen in der Wirtschaft beschäftigten Menschen und Tieren zugute kommen. Ohne sich in Mark und Pfennigen ausdrücken zu lassen, können sie trotzdem von großem mittelbaren Werte für das Gedeihen einer Wirtschaft und der darin Beschäftigten sein.

Aber auch der zahlenmäßigen Erfassung der voraussichtlichen Betriebsergebnisse stellen sich gerade in der Landwirtschaft nicht unbedeutende Hindernisse in den Weg, weil sich die verschiedenartigsten Einflüsse, die sich aus Klima, Bodenart, Witterung, Betriebsweise, Gewohnheit, Preislage, Arbeiterverhältnissen und a. m. herleiten, in eine allgemein gültige Formel überhaupt nicht bringen lassen. Die Landwirtschaft ist eben nicht nur Technik oder nur Wissenschaft, sie benutzt nicht ausschließlich Erscheinungen und Vorgänge, deren Gesetzmäßigkeit einwandfrei feststeht, sondern sie wird in hohem Maße beeinflußt durch Zufälligkeiten natürlicher Art. Sie muß ihre Hilfsmittel allen Wissensgebieten entnehmen, um sie in der für jeden einzelnen Fall geeignetsten Mischung und oft mit schneller Entschlußkraft so zu verwenden, daß mit einem Mindestaufwand von Stoff, Kraft und Zeit das wirtschaftlich günstigste Ergebnis erzielt wird.

Und schließlich darf nicht übersehen werden, daß die Aufgaben der Landwirtschaft nicht nur privatwirtschaftlicher sondern auch volkswirtschaftlicher Art sein müssen, wenn sie ihrer wichtigen Stellung im Rahmen der großen allgemeinen Wirtschaft, im Schaffen nützlicher Werte gebührend ausfüllen will.

Um die Einflußmöglichkeit der Technik, insbesondere der Elektrotechnik, über die das Wichtigste in den vorhergehenden Abschnitten gesagt ist, auf den landwirtschaftlichen Betrieb richtig zu erkennen und zu bewerten, soll in den folgenden Abschnitten näheres über die landwirtschaftlichen Arbeitsmaschinen, über Kostenanschläge und Betriebskostenberechnungen und über die Vergebung von Aufträgen auf elektrische Anlagen besprochen werden.

## B. Landwirtschaftliche Arbeitsmaschinen, Größe und Strombedarf ihrer Antriebs-Elektromotoren.

Fast alle Arbeitsmaschinen, die eine Drehbewegung haben, können durch Elektromotoren angetrieben werden und zwar unabhängig von ihrer Größe oder Leistung. Das ist besonders bedeutungsvoll für die landwirtschaftlichen Kleinbetriebe, deren Kraftbedarf in der Regel zu gering ist, um auf anderem als elektrischem Wege wirtschaftlich günstig gedeckt werden zu können. Sieht man von den auf S. 51 ff. beschriebenen elektrisch betriebenen Bodenbearbeitungsmaschinen ab, so steht unter den landwirtschaftlichen Arbeitsmaschinen

### a) die Dreschmaschine

an erster Stelle. Da sie unter allen in einer Wirtschaft verwendeten Arbeitsmaschinen fast immer den stärksten Kraftbedarf hat, so hängt von ihrer Größe im allgemeinen auch diejenige des stärksten Motors in dieser Wirtschaft ab. Deshalb ist es berechtigt, an dieser Stelle etwas ausführlicher über den Zusammenhang zwischen Gutsgröße und Dreschmaschinenleistung zu sprechen. Unter Gutsgröße ist hier natürlich nur die dem Getreideanbau dienende Grundfläche des Gutes zu verstehen. Während der Bauer früher, als noch mit dem Dreschflegel gedroschen wurde, diese Arbeit über den ganzen Winter verteilte, und dadurch die gleichmäßige Verteilung der gesamten Arbeiten auf das ganze Jahr überhaupt gefördert wurde, um einen Wechsel in der Arbeiterzahl zu verhindern oder wenigstens tunlichst einzuschränken, trifft man jetzt nach Einführung großer Dreschmaschinensätze mit motorischem Antrieb zuweilen auf den entgegengesetzten Standpunkt. Dieser wird von denjenigen Landwirten eingenommen, die den Wunsch haben, das geerntete Getreide so schnell wie möglich zu verkaufen, um bares Geld in die Hand zu bekommen und um der Sorge um die Aufbewahrung der Körnerfrucht enthoben zu sein. Es ist begreiflich, daß dieses Streben nach Verwendung unverhältnismäßig großer Dreschsätze und entsprechender Antriebskraftmaschinen von den Verkäufern dieser Maschinen unterstützt wird, um ihren Umsatz zu erhöhen, und es soll schließlich auch zugegeben werden, daß die von der Leistung abhängigen unmittelbaren Betriebsausgaben, bezogen auf die Gewichtseinheit der ausgedroschenen Körnerfrucht, bei großen Maschinen niedriger sind als bei kleinen. Trotzdem sind die gegen große Maschinen sprechenden wirtschaftlichen und technischen Gründe so wichtig, daß sie im allgemeinen den Ausschlag geben sollten. Der höhere Anschaffungspreis großer Maschinensätze macht an sich schon, wenigstens unter den zur Zeit bestehenden wirtschaftlichen Verhältnissen, größere Schwierigkeiten wegen der Geldbeschaffung, er wirkt sich aber auch in der Höhe der mittelbaren Betriebskosten, insbesondere des Zinsendienstes ungünstig aus. Dazu gesellen sich folgende technisch-wirtschaftlichen Nachteile: Je größer in einer Wirtschaft der Unterschied zwischen dem Kraftbedarf der einzelnen Arbeitsmaschinen ist, desto geringer ist die Möglichkeit, zu ihrem Betriebe mit einer einzigen Kraftmaschine oder einer geringen Anzahl von Kraftmaschinen auszukommen. Das aber bedeutet: entweder wird das abzuschreibende und zu verzinsende Anlagekapital erhöht, wenn man mehr Kraftmaschinen anschafft als sonst notwendig wären, oder die laufenden Stromkosten werden vermehrt, wenn man, um Anlagekapital zu sparen, auch die kleinsten Arbeitsmaschinen durch den großen Dreschmotor betreibt. Am ungünstigsten aber wirkt sich die Anwendung unangemessen großer Elektromotoren auf die Wirtschaftlichkeit der Stromerzeugungs- und Verteilungsanlage aus und verhindert dadurch das Erreichen niedriger Strompreise, schädigt also die Gesamtheit der an ein Netz angeschlossenen Strombezieher. Von der Beanspruchung bzw. höchsten Leistung der Dreschmaschine ist nicht nur die Größe des Antriebsmotors mit unmittelbarem Zubehör, sondern anteilig auch diejenige der Stromerzeugungs- und Verteilungsanlage einschließlich der Transformatoren abhängig. Wenn nun durch den unverhältnismäßig großen und deshalb während nur ganz kurzer Zeit voll ausgenutzten Dreschmotor in allen Teilen eine Erhöhung der Anlagekosten eintritt, dann erhöhen sich auch dementsprechend die laufenden Betriebsausgaben für den Zinsendienst des Werkes.

Jeder Elektromotor hat außer seiner Nutzleistung nutzlose, also Verlustarbeit zu erzeugen, die sich aus Lagerreibung, Luftwiderstand und Magnetisierungstrom zusammensetzt. Das Verhältnis zwischen Nutz- und Verlustarbeit ist am günstigsten, wenn der Motor mit derjenigen Leistung beansprucht wird, für die er berechnet und ausgeführt worden ist. Das Gesagte gilt in gleicher Weise für die an der Stromversorgung beteiligten Generatoren und Transformatoren. Je geringer jeweilig die Nutzleistung eines Elektromotors im Verhältnis zu seiner Normalleistung ist, desto größer sind die Stromverluste in allen Teilen der Anlage, desto unwirtschaftlicher arbeitet also die letztere.

Aus diesem Grunde ist es durchaus zu begreifen, wenn viele landwirtschaftliche Überlandwerke ihre Genehmigung zur Aufstellung neuer Elektromotoren unter anderem von einem gesunden Verhältnis zwischen seiner Leistungsgröße und der Größe der dem Getreidebau dienenden Grundfläche abhängig machen. Für die landwirtschaftlichen Verhältnisse in Pommern z. B. kommt folgende Zusammenstellung in Betracht:

Tafel 3. Beziehungen zwischen Gutsgröße und höchstzulässiger Elektromotorenleistung in Pommern.

| Wirtschaftsgröße unter dem Pfluge | | Höchstleistung der zugelassenen Elektromotoren |
|---|---|---|
| ha | Pr. Morgen | kW |
| bis 12,5 | bis 50 | 4 |
| 12,5 „ 25 | 50 „ 100 | 6 |
| 25 „ 50 | 100 „ 200 | 10 |
| 50 „ 75 | 200 „ 300 | 12,5 |

Die Vorschriften des Märkischen Elektrizitätswerkes A.-G. enthalten folgende Aufstellung:

Tafel 4. Beziehungen zwischen Gutsgröße und höchstzulässiger Elektromotorenleistung in Brandenburg.

| Wirtschaftsgröße unter dem Pfluge | | Höchstleistung der zugelassenen Elektromotoren |
|---|---|---|
| ha | Pr. Morgen | kW |
| bis 12,5 | bis 50 | 3,4 |
| 12,5 „ 25 | 50 „ 100 | 4,5 |
| 25 „ 50 | 100 „ 200 | 7,5 |
| 50 „ 125 | 200 „ 500 | 11,0 |
| 125 „ 250 | 500 „ 1000 | 15,0 |

Derartige Verhältniszahlen haben für die Allgemeinheit insofern einen nur bedingten Wert, als der Ertrag einer gewissen Bodenfläche nicht nur von der durch die Bodenart gegebenen Fruchtbarkeit abhängig ist, sondern auch von der Art seiner Bearbeitung und seiner Düngung, von der Getreidesorte und der Güte des Saatgutes, von dem durch Klima, Luft- und Bodenfeuchtigkeit abhängigen Gewichtsverhältnis zwischen Körner- und Strohertrag, von dem Einflusse pflanzlicher und tierischer Schädlinge und von anderen Bedingungen.

Aus denselben Gründen ist es nicht ganz richtig, die Größe der Dreschmaschine und den Strombedarf des Antriebsmotors lediglich von dem erdroschenen Körnergewichte abhängig zu machen. Ist es also an sich richtiger, einen tatsächlich aufgetretenen Stromverbrauch nach Korn- und Strohertrag zu bewerten, so läßt sich das bei der Schätzung des voraussichtlichen Stromverbrauchs natürlich nicht durchführen. Hier muß man eben Durchschnittszahlen des Körnerertrags zugrunde legen und einer durch Verbesserung der Anbauverfahren erreichbaren Ertragserhöhung von vornherein entsprechend Rechnung tragen. Im Mittel pflegt man den Stromverbrauch für den Ausdrusch von 100 kg Körnern mit 1 kWh anzunehmen. Die folgende Tafel läßt jedoch erkennen, in welchem Maße z. B. der Stromverbrauch beim Dreschen vom Feuchtigkeitsgrade des Getreides abhängt:

Tafel 5. Beziehungen zwischen Getreideart und Getreidezustand, Motorleistung und Stromverbrauch beim Dreschen.

| Getreideart | Getreidezustand | Erforderliche Motorleistung in kW | in PS | Stromverbrauch je 100 kg Korn in kWh |
|---|---|---|---|---|
| Roggen oder Weizen . . . | feucht | 5,5 | 7,5 | 1,00 bis 0,80 |
| ,, ,, ,, . . . | trocken | 4,5 | 6 | 0,92 ,, 0,76 |
| Hafer ,, Gerste . . . | feucht | 4,8 | 6,5 | 0,88 ,, 0,70 |
| ,, ,, ,, . . . | trocken | 4,5 | 6 | 0,80 ,, 0,67 |

Über die Beziehungen zwischen Art, Größe und Leistung der Dreschmaschine einerseits und der Motorleistung andererseits gibt Tafel 6 annähernd Auskunft:

Tafel 6. Beziehungen zwischen Dreschmaschinen verschiedener Art, Größe und Leistung und der erforderlichen Elektromotorenleistung.

| Maschinenart | Drehzahl je min | Trommelmasse Durchm. mm | Breite mm | Leistung je Stunde, Roggen im Mittel kg | Erforderliche Motorleistung kW |
|---|---|---|---|---|---|
| Stiftentrommel ohne Reinigung | 1300 | 330 | 450 | 250 bis 350 | 2,2 |
| | 1200 | 350 | 550 | 300 ,, 400 | 3 |
| Stiftentrommel mit Teilreinigung | 1200 | 400 | 450 | 200 bis 250 | 3 |
| | 1200 | bis | 550 | 250 ,, 300 | 3,5 |
| | 1200 | 450 | 650 | 350 ,, 450 | 4 |
| Langdreschmaschine mit Schlagleisten | 1200 | offene | 750 | 600 bis 750 | 5,5 |
| | 1200 | Schlag- | 900 | 650 ,, 800 | 6,5 |
| | 1200 | leisten | 950 | 700 ,, 900 | 7 |
| Breitdresch- (Schlagleisten) Maschine ohne Reinigung | 1300 | 330 | 1550 | 250 bis 350 | 2,5 |
| | 1250 | 370 | 1700 | 350 ,, 500 | 3 |
| Breitdresch- (Schlagleisten) Maschine mit Vollreinigung | 1350 | 350 | 1680 | 400 bis 600 | 5 |
| | 1250 | 440 | 1680 | 600 ,, 800 | 6,5 |
| | 1200 | 475 | 1680 | 800 ,, 1100 | 8,5 |
| | 1100 | 520 | 1680 | 1000 ,, 1300 | 10 |
| Breitdresch- (Schlagleisten) Maschine mit marktfertiger Reinigung und Sortierzylinder | 1250 | 420 | 1680 | 650 bis 900 | 7,5 |
| | 1200 | 475 | 1680 | 850 ,, 1100 | 10 |
| | 1150 | 520 | 1680 | 1000 ,, 1300 | 12,5 |
| | 1150 | 535 | 1680 | 1100 ,, 1400 | 15 |
| | 1100 | 560 | 1680 | 1500 ,, 1800 | 19 |
| | 1000 | 620 | 1680 | 1800 ,, 2300 | 24 |
| | 900 | 710 | 1680 | 3200 ,, 3800 | 33 |

Hierzu treten im Bedarfsfalle noch für eine Strohpresse etwa 3—4,5 kW, einen Kurzstrohbläser etwa 3 kW, einen Spreubläser etwa 1,5 kW. Die Tafel 7 soll als ungefährer Anhalt für die Schätzung des voraussichtlichen Strombedarfes in Beziehung zur Anbaufläche der verschiedenen Getreidearten dienen:

Tafel 7. Flächenertrag an Körnerfrucht und Stromverbrauch für das Ausdreschen verschiedener Getreidearten.

| Getreideart | Auf 1 ha werden etwa geerntet kg | Auf 100 kg Gesamtgewicht von Stroh und Korn entfallen aufs Korn etwa kg | Stromverbrauch für je 100 kg Korn in kWh ohne Strohpresse | mit Strohpresse |
|---|---|---|---|---|
| Roggen . . . . . | 1800 | 25 | 1,20—1,50 | 1,40—1,80 |
| ,, . . . . . | 2400 | 35 | 0,90—1,10 | 1,00—1,30 |
| Weizen . . . . . | 2000 | 30 | 1,00—1,30 | 1,20—1,50 |
| ,, . . . . . | 2800 | 40 | 0,80—1,00 | 0,90—1,20 |
| Hafer . . . . . | 1800 | 40 | 0,80—1,00 | 0,90—1,10 |
| ,, . . . . . | 2800 | 50 | 0,60—0,80 | 0,70—0,90 |
| Gerste . . . . . | 2000 | 35 | 0,90—1,10 | 1,00—1,30 |
| ,, . . . . . | 3000 | 45 | 0,70—0,90 | 0,80—1,10 |

Nachdem die Kriegsbeschränkungen, denen die weitere Verwertung der Getreideernte im eigenen landwirtschaftlichen Betriebe unterlagen, gefallen sind und nachdem die Elektrizität immer mehr Eingang in die Landwirtschaft gefunden hat, sind der Anwendung von

### b) Schrotmühlen

neue Bahnen eröffnet worden. Unterstützt wird diese Entwicklung durch die Fortschritte in der Konstruktion und Ausführung dieser Maschinenart, die in ihren verschiedenen Formen als Walzen-, Mahl-, Schrot- und Quetschmühlen, ortsfest und ortsveränderlich, mit Bohnen-Schroteinrichtung usw. den verschiedenartigsten Zwecken dienstbar gemacht werden kann und die Erzielung weit auseinanderliegender Feinheitsgrade —Mehl bis Grobschrot — ermöglicht. Der Stromverbrauch ihres Antriebs-Elektromotors wechselt je nach Getreideart und Feinheit des Schrotes. Im Durchschnitt rechnet man 1,5 kWh für je 100 kg Feinschrot und 0,6 kWh für je 100 kg Grobschrot. Über Mühlenleistung geben die Tafeln 8 a—c Auskunft.

Tafel 8. Schrotmühlen.
Maschinenarten, Leistungen und Kraftbedarf.

a) Walzenmühlen

| Walzenlänge mm | Drehzahl 400/min, Leistung je Stunde Roggenschrot fein kg | grob kg | Motorleistung kW |
|---|---|---|---|
| 300 | 170 | 420 | 2,5 |
| 350 | 250 | 600 | 3,5 |
| 400 | 380 | 850 | 4,5 |
| 500 | 500 | 1100 | 5,5 |
| 600 | 650 | 1300 | 7 |

b) Steinmühlen mit liegender Welle

| Steindurchmesser mm | Leistung je Stunde Roggenschrot fein kg | grob kg | Drehzahl des Steines je min | Motorleistung kW |
|---|---|---|---|---|
| 250 | 110 | 150 | 700 | 3 |
| 300 | 130 | 180 | 650 | 4 |
| 400 | 170 | 260 | 600 | 4,5 |
| 500 | 250 | 360 | 550 | 6 |
| 600 | 350 | 470 | 500 | 7,5 |

mit Mehlsichter 0,4—0,75 kW größere Motorleistung.

c) Steinmühlen mit stehender Welle

| Steindurchmesser mm | fein kg | grob kg | Drehzahl des Steines je min | Motorleistung kW |
|---|---|---|---|---|
| 800 | 210 | 310 | 200 | 4,5 |
| 1000 | 300 | 450 | 160 | 6,5 |
| 1200 | 430 | 560 | 150 | 9 |

mit Mehlsichter 0,6—1 kW größere Motorleistung.

Die dritte der Maschinen, die der Verarbeitung der Getreideernte im landwirtschaftlichen Betriebe dienen, ist

c) die Häckselmaschine,

die außer zum Schneiden von Stroh zu Pferde- und Rinderhäcksel in den letzten Jahren durch entsprechende Abänderung der Konstruktion ein bedeutsames Anwendungsgebiet zum Zerkleinern des Grünfutters gefunden hat, das in Behältern haltbar gemacht und aufbewahrt wird.

Tafel 9. Größe, Leistung und Kraftbedarf von Häckselmaschinen.

| Messerbreite in mm | Drehzahl je min | Leistung in kg je Stunde | | Motorleistung kW |
|---|---|---|---|---|
| | | Pferdehäcksel | Rinderhäcksel | |
| 300 | 160 | 400 | 750 | 1,5 |
| 325 | 170 | 500 | 900 | 1,8 |
| 360 | 180 | 600 | 1100 | 2,5 |
| 400 | 180 | 700 | 1300 | 4 |
| 425 | 200 | 900 | 1700 | 5,5 |
| 425 | 240 | 1200 | 2200 | 7,5 |

Entsprechend der Verminderung der Drehzahl kann sich die Motorleistung ändern.

Für die Futterbereitung benutzt der Landwirt außerdem noch den

d) Rübenschneider

und unter Umständen den Ölkuchenbrecher. Für ersteren rechnet man je nach Schnitzelgröße mit 0,03—0,05 kWh für 100 kg. Tafel 10 läßt den Kraftbedarf und die Stundenleistung verschieden großer Rübenschneider bei 100—140 Umdr/min erkennen.

Tafel 10. Größe, Leistung und Kraftbedarf von Rübenschneidern.

| Messerscheiben- oder Messertrommel-durchmesser mm | Leistung je Stunde in kg | Motorleistung kW |
|---|---|---|
| 500 | 1100 | 0,3 |
| 750 | 2000 | 0,5 |
| 1000 | 2800 | 0,75 |
| 1250 | 3600 | 1,1 |

e) Der Ölkuchenbrecher

braucht zum Verarbeiten von 100 kg Ölkuchen etwa 0,1 kWh; für eine Stundenleistung von 1000—1500 kg kommt eine Motorleistung von 1,5 kW in Betracht.

Bei den

f) Düngermühlen

braucht man zum Zerkleinern von 100 kg künstlichen Düngers etwa 0,05 kWh, so daß eine solche Mühle für 2500—3000 kg Stundenleistung eine Motorleistung von 1,5 kW erfordert.

g) Die Windfegen, Getreide-Reinigungsmaschinen und Trieure, deren Größe, Leistung und Kraftbedarf in den Tafeln 11, 12 und 13 an gegeben sind, dienen der Saatgutbereitung. Für eine Ackerfläche von 25 ha kann man den Jahresstrombedarf zur Saatreinigung im Mittel mit insgesamt 25—35 kWh angeben.

Tafel 11. Windfegen, Größe, Leistung und Kraftbedarf.

| Einstellweite (innen) mm | Leistung je Stunde mit Sieben kg | Motorleistung kW |
|---|---|---|
| 500 | 1100 bis 1300 | 0,15 |
| 650 | 1500 ,, 1700 | 0,18 |
| 900 | 2000 ,, 2300 | 0,25 |
| 1150 | 2300 ,, 2600 | 0,30 |

Tafel 12. Getreidereinigungsmaschinen, Größe, Leistung und Kraftbedarf.

| Einstellweite innen mm | Länge des großen unteren Siebes mm | Leistung je Stunde kg | Motorleistung kW |
|---|---|---|---|
| 500 | 500 | 1000 bis 1200 | 0,20 |
| 600 | 600 | 1300 ,, 1600 | 0,25 |
| 650 | 1200 | 1500 ,, 1900 | 0,35 |
| 850 | 1250 | 2000 ,, 2400 | 0,40 |

Tafel 13. Trieure, Größe, Leistung und Kraftbedarf.

| Trommel- | | Leistung je Stunde | Motorleistung |
|---|---|---|---|
| Durchmesser mm | Länge mm | kg | kW |
| 350 | 1200 | 150 | 0,18 |
| 400 | 1500 | 300 | 0,30 |
| 600 | 2500 | 700 | 0,60 |
| 800 | 3000 | 1100 | 1 |

Eine ganz besonders wichtige Rolle im landwirtschaftlichen Betriebe spielt die ausreichende

Bild 171. Selbstansaugende Elmo-Kreiselpumpe.

h) Versorgung von Mensch und Vieh mit Trinkwasser. Steht für dessen Heranführung weder natürlicher Druck noch Anschluß an das Rohrnetz einer allgemeinen Wasserversorgungsanlage zur Verfügung, dann tritt der Wert einer selbständigen elektrischen Pumpenanlage ins helle Licht. Für diesen Zweck eignen sich ganz besonders die selbstansaugenden Elmo-Kreiselpumpen, Mod. LPW der Siemens-Schuckertwerke (Bild 171), in Verbindung mit Apparaten für selbsttätiges Schalten. Das Kennzeichen dieser Pumpen ist ein exzentrisch angeordnetes Schaufelrad und ein umlaufender Wasserring. Sie vereinen in sich die Vorzüge der Kolbenpumpen mit denen der Fliehkraftpumpen. Sie saugen auch bei leerer Saugleitung sicher an, sie sind wenig empfindlich gegen mitgerissene Fremdkörper und sie nutzen sich nur in geringem Maße ab und haben daher eine lange Lebensdauer. Ihre Größe bzw. ihr Stromverbrauch ist abhängig von der Förderhöhe und der Fördermenge. Die soeben erwähnte Eigenschaft dieser Pumpenart, daß sie sicher selbst ansaugen und dauernd betriebsfertig bleiben, ist die eine Voraussetzung für ihre Benutzung zu selbsttätigen Wasserversorgungsanlagen; die andere Voraussetzung ist ihr Antrieb durch Elektromotoren, denn nur deren Schaltgeräte lassen sich so durch den Wasserstand oder Wasserdruck betätigen, wie es der zuverlässige Betrieb erfordert.

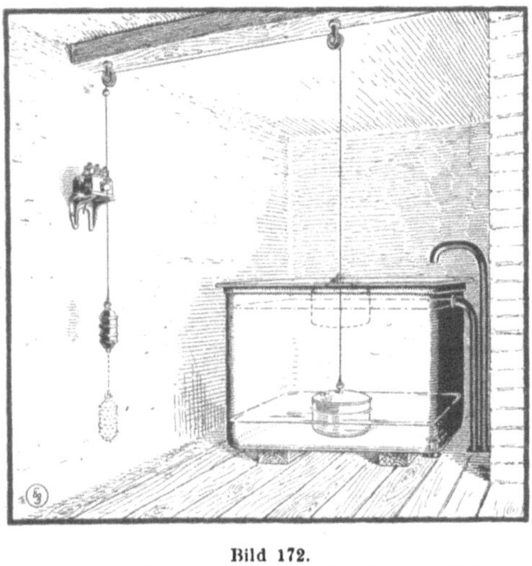

Bild 172.
Schwimmer-Kontaktvorrichtung für Wasserbehälter.

Will man das Ein- und Ausschalten der Pumpe vom Wasserstande in einem Behälter abhängig machen, so verwendet man eine Schwimmerkontakt- bzw. Schaltvorrichtung, welche durch ein vom Schwimmer über Rollen nach dem Gegengewicht geführtes Seil mechanisch betätigt wird (Bild 172). In der einstellbaren höchsten und tiefsten Stellung des Schwimmers schließt die Kontaktvorrichtung den Stromkreis des Motorschalters dergestalt, daß er den Motor entweder aus- oder einschaltet.

Bild 173. Schaltertopf.

Dort, wo ein Wasserbehälter oder das Bedürfnis nach starker Wasseraufspeicherung nicht vorhanden ist, stellt man einen sogenannten Schaltertopf auf, der den Schwimmerkontakt mit dem erforderlichen Zubehör in gedrängter Anordnung in sich einschließt (Bild 173).

Wasserversorgungsanlagen mit Sammelbehälter für einzelne Wohnhäuser oder Gutsbetriebe haben den Vorteil, daß eine gewisse von der Größe des Behälters abhängige Wassermenge auch dann verfügbar ist, wenn etwa Motor, Pumpe oder Zuleitung einmal versagen sollten. Diesem Vorteil stehen im Vergleich mit den behälterlosen Anlagen zwei Nachteile gegenüber:

1. Die Anlagekosten werden durch Beschaffung und Aufstellung des Hochbehälters sowie durch die längere Rohrleitung erhöht.
2. Die Wasserhochbehälter sind, wenn sie nicht sehr wärmeisoliert sind, der Frostgefahr ausgesetzt, während andererseits im Sommer das Wasser eine unerwünscht hohe Temperatur erreicht und durch das Abstehen den erfrischenden Geschmack verlieren kann. Das hängt natürlich wesentlich davon ab, ob ein gleichmäßiger Wasserverbrauch stattfindet oder ob nur in größeren Zwischenräumen ein Wasserbedarf zu decken ist.

Bild 174.
Druckkessel, Druckschalter und Elmo-Kreiselpumpe.

In letzterem Fall ist eine Anlage ohne Hochbehälter, aber mit Druckkessel und Druckschalter vorzuziehen (Bild 174). Diese beiden Anlageteile können zusammen mit der Pumpe und deren Antriebs-Elektromotor in einem wärmegeschützten Raume nahe dem Brunnenschacht untergebracht werden.

Der Druckkessel kann je nach Bedarf verschieden groß gewählt werden und dient außer zum beschränkten Wasseraufspeichern dazu, in ihm einen gewissen Druck herzustellen, der den angebauten Druckschalter so betätigt, daß er den Pumpenmotor bei dem einstellbaren niedrigsten Drucke allpolig einschaltet und bei dem höchsten Drucke ebenso ausschaltet.

### i) Beregnungs-Anlagen.

Nicht minder wichtige Aufgaben, wie die Versorgung von Menschen und Vieh mit Trinkwasser, haben die Anlagen zur Erzeugung künstlichen Regens, d. h. zur Versorgung von Feldern, Gärten und Wiesen mit Wasser, besonders dann, wenn in der Vegetationszeit der Himmel den Feldern nicht oder nicht ausreichend das zum freudigen Gedeihen der Pflanzen erforderliche köstliche Naß spendet. Gerade in dieser Vegetationszeit haben große Landstriche regelmäßig unter Trockenheit zu leiden, aber auch sonst kommt es vor, daß ausgerechnet dann der natürliche Regen ausbleibt, wenn er am nötigsten gebraucht wird. Dort, wo stehendes, fließendes oder Brunnenwasser in solchen Zeiten in ausreichender Menge zur Verfügung steht, kann man es den durstigen Feldern auf dem Wege der Berieselung zuführen. Es ist aber durch eingehende Versuche, die zuerst Geheimrat Gerlach in Bromberg durchführte, einwandfrei festgestellt worden, daß die Wasserzuführung durch Regen aus der Luft viel wirksamer ist als die Berieselung des Erdbodens bzw. daß man auf dem Wege künstlicher Beregnung denselben Erfolg ohne Nachteile (Verschlemmung, Verkrustung u. a. m.) und mit einer erheblich geringeren Wassermenge erzielt. In Zeiten großer und lang anhaltender Trockenheit ist man mehr als sonst gezwungen, mit den für die Bewässerung verfügbaren Wasser sparsam zu wirtschaften. Es ist leicht zu erkennen, daß eine Anlage zur Erzeugung künstlichen Regens eines der wichtigsten jener Mittel ist, die die Technik der Landwirtschaft zu dem Zwecke zur Verfügung stellt, ihre Ergebnisse, d. h. ihre wirtschaftlichen Erfolge, immer unabhängiger von den unbeeinflußbaren Launen des Wetters zu machen.

Voraussetzung für Regenanlagen aller Art ist das Vorhandensein genügend großer Wassermengen, die entweder stehenden oder fließenden Gewässern oder Brunnen mittels Pumpen entnommen werden. Je nach den örtlichen Verhältnissen werden eine oder mehrere fest aufgestellte Pumpen oder ein fahrbarer Pumpensatz verwendet. Den Vorzug verdienen für diesen Zweck die Rundlauf-, Kreisel- und ähnliche Pumpen auch deshalb, weil sie für elektromotorischen Antrieb besonders gut geeignet sind und in ihrem Zusammenbau mit dem unmittelbar gekuppelten Elektromotor leicht bewegliche und bedienbare Maschinen darstellen.

Ein weiterer wichtiger Teil jeder Regenanlage ist die Rohrleitung, die die Wasser befördernde Verbindung zwischen der Pumpe und dem Verregner herzustellen hat. Soweit sie fest in die Erde verlegt werden kann, verlangt sie keine für den vorliegenden Zweck besondere Ausführungsform,

Bild 175. Siemens-Schuckert-Regner und fliegende Rohrleitungen.

wenn sie nur den technischen Anforderungen bezüglich des höchstvorkommenden Wasserdruckes und der in der Zeiteinheit zu befördernden größten Wassermenge entspricht und ihr Anschaffungspreis nicht zu hoch ist. Der von der Pumpe zu erzeugende Wasserdruck richtet sich nach der wage- und senkrechten Entfernung zwischen der Pumpe und der entferntesten Spritzstelle, sowie nach der gewünschten Spritzweite. Die Wassermenge dagegen hängt ab von der Zahl der gleichzeitig benutzten Spritzstellen und der Zahl und dem Durchmesser der einzelnen Wasser-Austrittsöffnungen. Mindestens ein Teil jeder Beregnungs-Rohrleitung und zwar der den Spritzstellen am nächsten liegende muß ortsveränderlich und leicht verlegbar eingerichtet werden. Dazu gehört sowohl die Unterteilung in einzelne, leicht tragbare Stücke, deren Gewicht von Durchmesser, Länge und Wandstärke bzw. Baustoff abhängt, als auch die Einrichtung, um diese Rohrstücke nicht nur unter sich, sondern auch mit dem Anschlußstutzen der festen Rohrleitung einerseits und den Beregnern andererseits schnell, ohne erheblichen Kraftaufwand und sicher abdichtend verbinden zu können. Von der glücklichen

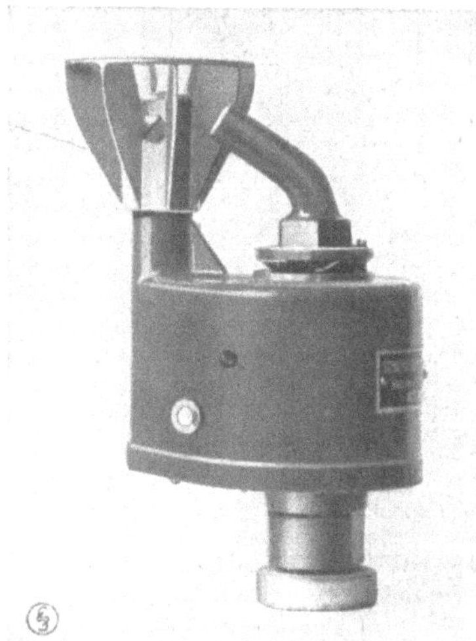

Bild 176. Aufsatzstück mit Düsenrohr des Siemens-Schuckert-Regners.

Lösung dieser Aufgaben hängt im hohen Grade der Arbeitsaufwand für die Bedienung der gesamten Anlage und somit deren Wirtschaftlichkeit ab. Von der Verwendung langer Gummischläuche ist man sehr bald abgekommen und hat dafür die Rohrkupplungen und Rohranschlüsse erfolgreich durchgebildet.

Der Beregner selbst ist derjenige Teil der Anlage, der die Aufgabe hat, das Wasser so auf eine bestimmte Bodenfläche zu verteilen, daß weder trockene noch übermäßig bewässerte Stellen entstehen, daß der Boden nicht verschlemmt und daß das Wasser nicht so fein zerstäubt wird, daß der Wind den dadurch entstehenden Nebel mit wegführen kann. Der Wind spielt überhaupt bei der gleichmäßigen Wasserverteilung eine nicht zu unterschätzende Rolle; solange er in gleicher Stärke und Richtung wirkt, tut er keinen Schaden, anderenfalls wird je nach den Verhältnissen eine Unterbrechung der Beregnung zu empfehlen sein.

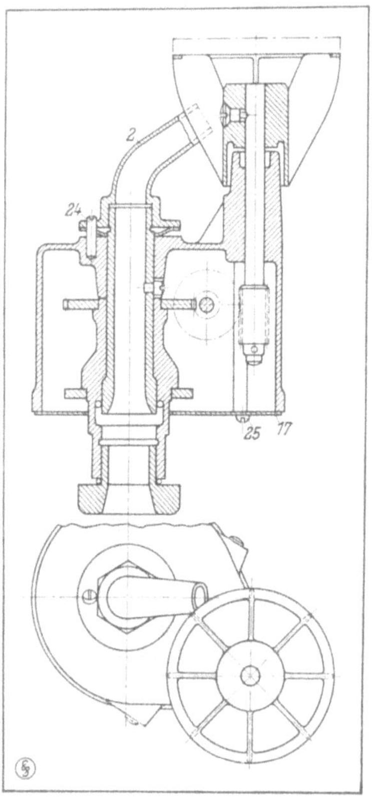


Bild 177. Schnitt durch den SS-Regner.

Man kann die verschiedenen Beregnerarten in zwei Hauptgruppen unterteilen: Die Brause- und die Einzelberegner. Die ersteren sind dadurch gekennzeichnet, daß Rohrstücke bestimmter Länge mit einer oder mehreren Reihen von Öffnungen versehen werden, durch die das Wasser in verhältnismäßig dünnen Strahlen heraustritt. Diese während des Arbeitens festliegenden Rohre haben in ihrer Längsrichtung mehrere solcher Reihen von Spritzlöchern mit verschiedener Neigung gegen die Erde und zwar deshalb, um den Strahlenreihen verschiedene Reichweiten zu verleihen und eine gleichmäßige Wasserverteilung zu ermöglichen. Andere Konstruktionen suchen dasselbe Ziel dadurch zu erreichen, daß sie nur eine Lochreihe anbringen, das Spritzrohr aber drehbar um seine Längsachse anordnen, so daß es durch geeignete mechanische Hilfsmittel unter Ausnutzung des Wasserdruckes langsam abwechselnd nach links und rechts gedreht wird. Jeder einzelne Strahl bespritzt dann die gesamte Breite des zu beregnenden Flächenabschnittes, der ebenfalls, wie bei dem Beregner mit ruhendem Spritzrohr, eine rechteckige Form hat.

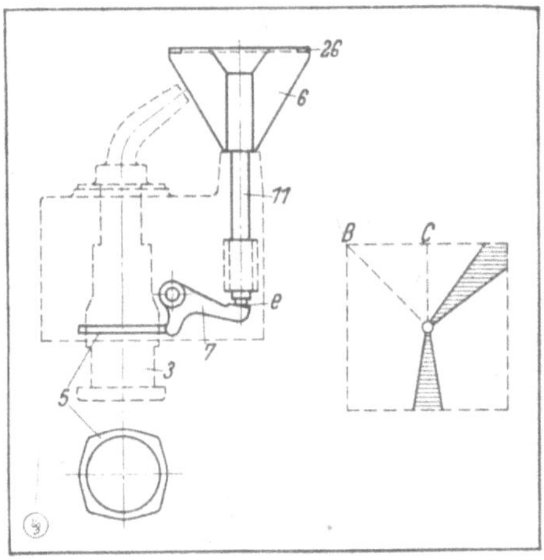

Bild 178. Viereckberegnung beim SS-Regner.

Die Eigenart der Einzelberegner ist am leichtesten erkennbar aus der folgenden Beschreibung der von den Siemens-Schuckertwerken in der letzten Zeit entwickelten Regenanlage (Bild 175): Ein an seinem oberen freien Ende seitlich abgebogenes Düsenrohr ist mittels einer Führungsbuchse so mit einem Aufsatzstück verbunden, daß es sich um seine senkrechte Achse drehen läßt (Bild 176). Diese Drehbewegung wird dadurch hervorgerufen, daß der aus der Düse heraustretende Wasserstrahl zunächst den Schaufeln eines kleinen Flügelrades mit senkrechter Achse zugeführt wird. Die hierbei entstehenden Umdrehungen werden innerhalb des dicht abschließenden Gehäuses mittels eines kleinen Schneckengetriebes auf die Düse übertragen. Der austretende Wasserstrahl beregnet theoretisch eine Kreisfläche, deren Durchmesser vom Wasserdruck, der Neigung des Düsenrohres und der Größe der Düsenöffnung abhängt. Um jedoch die Form der beregneten Einzelfläche besser den meist geradlinigen Grenzen der Gärten, Wiesen, Feldstücke usw. anpassen zu können, trifft man eine Einrichtung, die es ermöglicht, daß die beregnete Einzelfläche die Form eines Rechteckes annimmt (Bild 178). Zu diesem Zwecke gestaltet man die Schaufeln des Flügelrades nach unten spitz zulaufend und veranlaßt durch eine Kurvenscheibe mit Hebel, die ebenfalls in das Gehäuse eingeschlossen ist, daß das Flügelrad auf- und abbewegt wird. Jn seiner höchsten Stellung geht der Wasserstrahl fast unbehindert an den Flügeln vorbei und erreicht dann seine größte Wurfweite. In der tiefsten Stellung dagegen findet der Strahl die größte Widerstandsfläche an den Flügeln. Dadurch wird er am stärksten aufgelöst und erreicht die geringste Wurfweite. Durch geeignete Form der Kurvenscheibe kann man auf diese

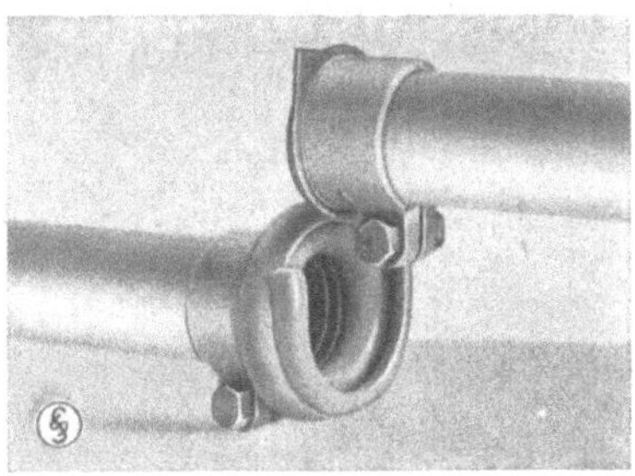
Bild 179. Verbindung der beiden Rohrenden durch die Kupplung.

Weise den Wasserstrahl mittelbar so steuern, daß er bei einmaligem Umlauf der Düse eine Rechteckfläche gleichmäßig beregnet. Durch Verwendung nicht rostender Baustoffe, sorgfältige Abdichtungen und zweckmäßige, sparsame Schmierung wird große Dauerhaftigkeit dieser Beregnerart gewährleistet.

Tafel 14. Beziehungen zwischen Düsenöffnung, Wasserverbrauch, Flächenleistung und Regenhöhe bei 3 at Druck.

| Düsenöffnung in mm | Wasserverbrauch in l/min | Beregnete Fläche in m² | Regenhöhe in mm je Stunde |
|---|---|---|---|
| 8 | 60 | 350 | 10 |
| 10 | 115 | 650 | 10 |
| 12 | 175 | 1000 | 10 |

Die Vorzüge der Einzelberegner gegenüber den Brauseberegnern bestehen im wesentlichen aus ihrer besseren Anpassungsfähigkeit an unregelmäßige Flächenformen und aus der Möglichkeit, außer reinem Wasser auch grobgereinigtes Schmutzwasser, Jauche usw. verregnen zu können. Das schließt natürlich nicht aus, besonders dann, wenn es sich um sehr große Flächenleistungen handelt, eingehend zu prüfen, welcher Art im einzelnen Fall der Vorzug zu geben ist. In jedem Falle aber spielen, wie schon an anderer Stelle erwähnt, die Rohrleitungen und ihre Kupplungsvorrichtungen eine wichtige Rolle. Deshalb sei auch hier besonders die von den Siemens-Schuckertwerken entwickelte Rohrkupplung erwähnt, deren Anordnung aus den Bildern 179 und 180 unschwer zu erkennen ist. Sie eignet sich zum Aufklemmen auf Druckrohre, zum Einbinden in Druckschläuche und zur Befestigung an Zapfstellen. Die damit ausgestatteten Rohre werden durch einfaches Einhängen einer Kupplungshälfte

Bild 180. Zusammensetzung eines Rohrstranges.

in die andere ohne Schrauben, ohne Verriegelung und ohne Werkzeuge zusammengefügt. Die Abdichtung der Verbindungstellen geschieht selbsttätig durch den Wasserdruck, der die eingelegten Gummiringe an die Trennstellen kräftig andrückt. Die dadurch gewonnene Elastizität verleiht der Rohrleitung eine beachtliche Anschmiegsamkeit an die Höhenunterschiede des Geländes.

Die Vorteile, die der Zusammenbau von Kreiselpumpen mit Elektromotoren hinsichtlich der leichten Ortsveränderlichkeit, der geringen Anlage- und Betriebskosten und des zuverlässig sicheren Betriebes unter Ausschaltung menschlicher Muskelkraft bietet, lassen sich schließlich auch in Gestalt von

k) Jauchepumpen

ausnutzen, sei es, daß man die Jauche unmittelbar, sei es, daß man sie über ein Vakuum aus der Grube in die Transportgefäße befördert. Die der unmittelbar wirkenden Jauchepumpe gestellte Aufgabe ist erheblich schwieriger zu lösen, als es z. B. bei den Pumpen für reines Wasser der Fall ist, und zwar hauptsächlich wegen des in der Jauche befindlichen Strohes und ähnlicher pflanzlicher Fasern. Eine besonders günstige Lösung stellt die Turbinen-Jauchepumpe „Sintflut" der Firma Peter Jensen in Maasbüll dar (Bild 181). Diese Pumpe eignet sich besonders zum Antrieb mittels Elektromotor, hat eine große Leistungsfähigkeit (bis zu 1000 l/min), da sie keine Kolben und Ventile besitzt, nie in Unordnung geraten kann, und sich überall leicht anbringen läßt. Je nach der Förderhöhe beträgt ihr Kraftbedarf 0,75—1,5 kW. Durch die unmittelbare Kupplung dieser Pumpe mit dem Elektromotor ist ein Gerät entstanden, das in hohem Maße raum- und zeitsparend ist und den grundlegenden Anforderungen an landwirtschaftliche Maschinen überhaupt entspricht: billig in der Anschaffung, einfach im Aufbau, zuverlässig im Betrieb und anspruchslos in der Bedienung.

Bild 181. Elektrische Jauchepumpe.

Ähnliche Vorzüge hat die Zentrifugal-Jauchepumpe „Donau", die sich besonders zum Antrieb durch ortsveränderliche Motoren eignet, aber auch mit einem Elektromotor auf einem gemeinsamen Fahrgestell zusammengebaut werden kann. Das Füllen eines Jauchefasses erfordert

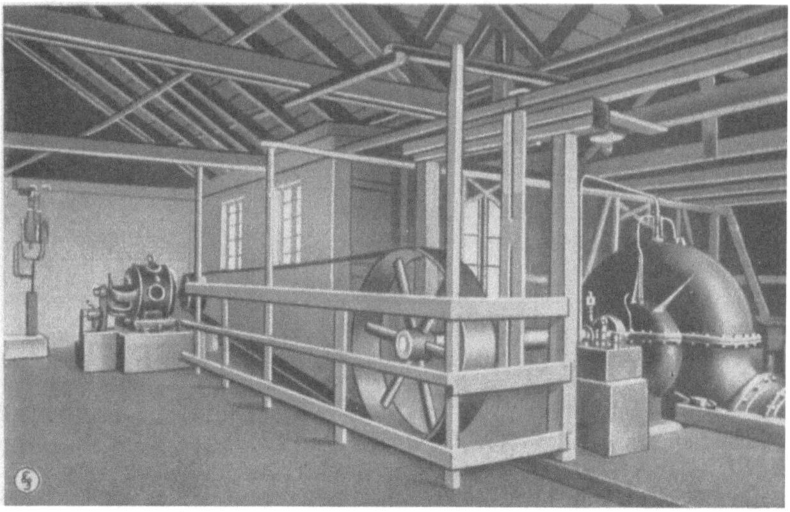

Bild 182. Schöpfwerk. Einbau eines Elektromotors an Stelle der früher verwendeten Dampfmaschine.

bei geringer Förderhöhe etwa 0,05 kWh Arbeitsaufwand, woraus sich der Jahresstromverbrauch für 25 ha zu bejauchender Grundfläche auf etwa 10 kWh errechnet.

### l) Entwässerungsanlagen (Schöpfwerke).

In den Niederungen verschiedener Strandgebiete, z. B. an der Ostsee bei Elbing und Danzig, fehlt es in der Regel an dem nötigen natürlichen Gefälle, um bei wechselndem Wasserstand etwaigen Wasserüberfluß abzuführen und dadurch einen sicheren Ertrag der der Viehhaltung dienenden ausgedehnten Weiden und Wiesen dieser Gebiete zu gewährleisten. Deshalb hat man, bisher meistens durch Dampf betriebene, Schöpfwerke aufgestellt, ist aber doch in den letzten Jahren zu der Erkenntnis gekommen, daß auch hier der Elektromotor alle anderen Betriebsarten übertrifft. Vor allem sind es — im Gegensatz zu Dampfkessel- und Dampfmaschinenanlagen — die sofortige Betriebsbereitschaft, die einfache Bedienung und, besonders bei Neuanlagen mit unmittelbar gekuppelten Zentrifugal- oder Propellerpumpen, der geringe Platzbedarf und somit geringe Baukosten, und nicht zuletzt die niedrigen Anlage- und Betriebskosten, die zugunsten des elektrischen Antriebs sprechen. Bemerkenswert in maschinentechnischer Beziehung sind die von der Firma Schichau entwickelten Propellerpumpen mit verstellbaren Flügeln. Ihre Verstellbarkeit verleiht der Pumpe eine wertvolle Anpassungsfähigkeit an verschiedene Förderhöhen und Wassermengen und wirkt dadurch günstig auf die gleichmäßige Belastung des Motors ein. Bild 182 zeigt ein

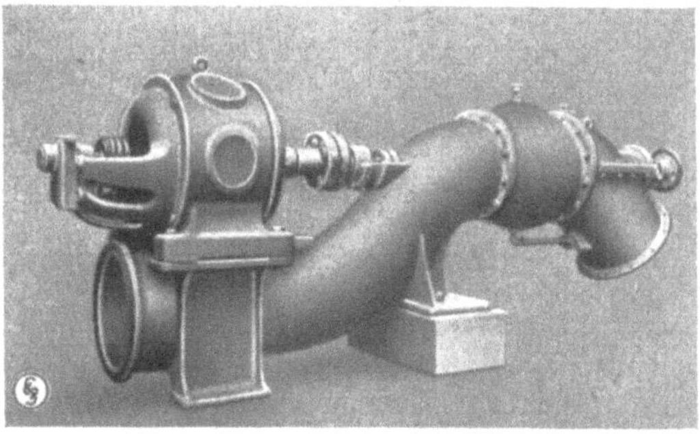

Bild 183. Schöpfwerk, Propellerpumpe mit angekuppeltem Elektromotor und Handrad zum Verstellen der Propellerflügel.

Schöpfwerk, das ursprünglich durch eine Dampfmaschine betrieben wurde, die dann durch einen Elektromotor ersetzt wurde. Bild 183 dagegen läßt den geringen Platzbedarf einer neuartigen Anlage mit der soeben erwähnten Propellerpumpe erkennen, während Bild 184 das dazugehörige Pumpenhäuschen mit einer Grundfläche von nur 3×3,5 m darstellt.

## m) Milchverwertung.

Ob und in welchem Umfange für diesen Zweig des landwirtschaftlichen Betriebs elektrischer Strom verwendet werden kann, hängt in jedem einzelnen Fall davon ab, wieviel Milch regelmäßig zur Verfügung steht und wieweit ihre Verwertung im Gute selbst durchgeführt werden soll. Wird die in einem Gute anfallende Milch nach Abzug des eigenen Bedarfes ungerahmt an eine besondere Molkerei geliefert, so ist lediglich für ihre Kühlung zu sorgen, wozu im Klein- und Mittelbetriebe der Druck, die Menge und die Kälte des verfügbaren Wassers in der Regel ausreicht. Unter Umständen wird man aber auch hier schon eines Elektromotors zur Kälteerzeugung und zur Erzielung des Milchumlaufes bedürfen.

Kann man, wie es wohl meistens der Fall ist, die Magermilch in der eigenen Wirtschaft verwerten und übersteigt die Entfernung zwischen Gut und Molkerei eine gewisse Grenze, dann wird die Milch im Gute durch Milchschleudern (Zentrifugen, Separatoren) entrahmt und lediglich der so gewonnene Rahm der Molkerei zugeführt.

Bild 184. Schöpfwerk, Pumpenhäuschen.

Endlich läßt sich der Rahm auch im eigenen Betrieb zu Butter und Käse verarbeiten und es treten dann als weitere elektrisch anzutreibende Arbeitsmaschinen zu der Milchschleuder das Butterfaß und die Butterknetmaschine hinzu.

Im allgemeinen ist die Milchverwertung während der letzten Jahrzehnte von dem Einzelgut, vorwiegend auf dem Wege des Genossenschaftswesens, auf die selbständige Molkerei und Käserei übergegangen und hat dadurch, d. h. durch die gemeinsame Verarbeitung größerer, aus verschiedenen Quellen stammender Milchmengen und durch den gemeinsamen Vertrieb der fertigen Ware ein industriell-kaufmännisches Gepräge erhalten. Hier ist die gegebene Stelle für die praktische Auswirkung der technischen und wissenschaftlichen Fortschritte zum Zwecke der Verbesserung der Wirtschaftlichkeit.

Bisher sind fast alle Molkereien mit Dampfbetrieb eingerichtet worden, weil man hier die Wärme des Abdampfes gut verwerten kann und weil sich der elektromotorische Antrieb erst in den letzten Jahrzehnten entwickelt hat. Für die Einführung des letzteren in die Molkerei sprechen verschiedene Gründe. Die verhältnismäßig kurze tägliche Betriebsdauer verursacht im Dampfbetrieb Verluste durch wiederholtes Anheizen oder Halten der Dampfspannung während der Ruhepausen, Verluste, die beim Elektromotor wegfallen. Die weitgehende Verwendung elektromotorischer Einzelantriebe erleichtert bei Neuanlagen die Transport sparende, zweckmäßigste Anordnung der verschiedenen Arbeitsmaschinen, bringt Unabhängigkeit von der sonst erforderlichen Transmission und erspart deren nicht unbedeutende Leerlaufsverluste. Jeder Teil einer solchen Anlage ist jeden Augenblick betriebsbereit.

Wenn es gelingt, den elektrischen Strom zur Erzeugung von Wärme und Kälte im Molkereiwesen zu einigermaßen erträglichen Preisen zu beziehen, z. B. durch Warmwasserspeicher mit billigem Nachtstrom, dann bedeutet das für die Molkerei nicht nur eine wesentliche Betriebsvereinfachung, sondern auch wegen des Wegfalles der Dampfmaschinen- und Kesselanlage mit Schornsteinen, Kohlenschuppen usw. eine erhebliche Verringerung des Platzbedarfes und der baulichen Kosten, sowie eine beachtenswerte Förderung der Reinlichkeit. Die Elektrotechnik stellt der Molkerei technisch ausreichend erprobte Elektromotoren, Leitungen und Wärmeerzeuger zur Verfügung, so daß es nur eine Frage der wirtschaftlichen Prüfung und der Kapitalsflüssigkeit ist, ob und wann die erste, ausschließlich durch elektrischen Strom betriebene Molkereianlage errichtet werden wird.

Schon jetzt findet der Elektromotor ausgedehnte Verwendung zum Betrieb der Milchschleuder in der Milchkammer des Landwirtes und in Molkereien zum Antrieb nachträglich aufgestellter Arbeitsmaschinen, deren Verbindung mit der Transmission Schwierigkeiten machen würde.

Als Anhalt zur Schätzung des Strombedarfs für die Milchverwertung im landwirtschaftlichen Eigenbetrieb können folgende Zahlen dienen:

Eine gute Milchkuh liefert täglich 9—10 l, im Jahre also etwa 3000 l Milch. Für das Entrahmen von je 100 l Milch rechnet man 0,1 kWh Stromverbrauch, das sind für 3000 l, also für eine Kuh im Jahre, 3 kWh. Aus dem durch Maschinenentrahmen aus diesen 3000 l gewonnenen Rahm kann man etwa 150 kg Butter erzeugen, wofür (Butterfaß und Butterkneter) ein Strombedarf von 7 kWh erforderlich ist. Man kann hiernach für die Verbutterung der im Jahre von einer Kuh gelieferten Milchmenge insgesamt mit 10 kWh rechnen.

Im Zusammenhange mit den vorstehenden Erörterungen über die Milchverwertung soll kurz noch des maschinellen Hilfsmittels für die Milchgewinnung, der

n) Melkmaschine,

gedacht werden. Die Schwierigkeiten in der Arbeiterfrage, die Durchbildung elektromotorischer Betriebe und die berechtigte Forderung nach erhöhter Reinlichkeit in der Milchgewinnung und -verwertung haben Anregung zur Stellung der Aufgabe gegeben, auch beim Melken der Kühe die Handarbeit tunlichst auszuschalten. Nach Überwindung zahlreicher Schwierigkeiten ist es gelungen, Melkmaschinen herzustellen, die allen berechtigten Anforderungen durchaus entsprechen. Ihre Wirksamkeit beruht im wesentlichen auf der Verwendung von Druckluft (Kompression) und Luftverdünnung (Vakuum), die abwechselnd auf die elastischen und nach außen geschützten Milchbecher und auf die Zitzen in nahezu derselben Weise wirkt wie das Maul des säugenden Kalbes. Infolgedessen gewöhnen sich die meisten Kühe sehr schnell an das neue Verfahren; es wird im allgemeinen ein Nachmelken unnötig gemacht, ohne daß eine Überreizung der Zitzen auftritt, wie es bei den ersten Konstruktionen oft bemängelt werden mußte. Die frische Milch kommt mit der Stalluft ebensowenig in Berührung wie mit den Händen des Bedienungspersonals. Für die Beurteilung der verschiedenen Melkmaschinenarten kommt besondere Bedeutung der Frage zu, ob und wie sich eine bequeme und durchgreifende Reinigung aller mit der Milch in Berührung kommenden Teile der Anlage bewerkstelligen läßt, denn von der Reinlichkeit hängt der Wert und die Dauerhaftigkeit der Frischmilch in hohem Grade ab.

Zur Herstellung der Druckluft und der verdünnten Luft dienen geeignete Pumpen, deren zweckmäßiger unmittelbarer Antrieb durch Elektromotoren schon früher erwähnt wurde. Für die gesamte Milchgewinnung eines Gutes dient, wenn die Stallungen nicht weit auseinander liegen oder nur ein einziger Stall vorhanden ist, eine einzige Pumpenanlage, von der aus Rohrleitungen überall dorthin geführt werden, wo gemolken werden soll. Auch beim Weidebetrieb kann man das Maschinenmelken anwenden, indem man ortsveränderliche, fahrbare Pumpen mit elektrischem Antrieb benutzt. Melkmaschinen haben nach den neuesten Berichten in Amerika, Schweden, Dänemark und anderen Ländern bereits große Verbreitung und die Zufriedenheit ihrer Besitzer gefunden, so daß wohl der in Deutschland noch vorherrschende Widerstand um so eher erlahmen wird, je schneller hier die landwirtschaftlichen Geld- und Kreditverhältnisse gesunden werden. Der tägliche Stromverbrauch für das 3malige Melken von 10 Kühen wird mit 1,5 kWh angenommen.

### o) Lastenförderung.

Die Beförderung der geernteten Feldfrüchte — Getreide, Hackfrüchte, Futterpflanzen u. a. m. — nach den Stellen, wo sie entweder weiter verarbeitet oder aufbewahrt werden sollen, erfordert einen verhältnismäßig sehr großen Kraft- und Arbeitsaufwand, dessen Einfluß auf die Wirtschaftlichkeit des Gutsbetriebs vielfach unterschätzt wird. Im Großbetrieb wandert in der Regel ein beträchtlicher Teil der Hackfruchternte, ohne im Gutshof zu verweilen, unmittelbar zum Bahnhof, der Zuckerfabrik oder Brennerei, während die Körnerernte, selbst wenn sie auf dem Felde ausgedroschen wurde, meistens vor dem Weiterversand erst in das Gut gebracht wird. Die Beförderung dieser Art geschieht in der Regel auf mehr oder weniger guten Wegen und Straßen; Arbeits- und Kraftaufwand dafür lassen sich, wenn sonst die Voraussetzungen dafür vorhanden sind, durch fest verlegte oder ortsveränderliche (Feldbahn)-Gleise erheblich verringern. Die Zugkraft wird meistens von Tieren erzeugt und nur ausnahmsweise von Kraftmaschinen irgendwelcher Art, z. B. von Lastautomobilen, elektrischen oder Benzollokomotiven. Findet also auf diesem Teilgebiet der Lastenförderung aus technischen und wirtschaftlichen Gründen der elektrische Strom keine nennenswerte Anwendung, so liegen die Verhältnisse für die Elektrizität wesentlich günstiger innerhalb des eigentlichen Gutsbetriebs, auf dem Hof und in den Gutsgebäuden. Für den Höhenförderer, den Fuderablader, den Sackaufzug ist der Elektromotor ebenso die zweckmäßigste Antriebsmaschine, wie für die Gebläseanlagen, die in zunehmendem Maße für die Beförderung von Kurzstroh, Kaff, Körnerfrüchten, gehäckseltem Grünfutter u. a. m. benutzt werden. Hier handelt es sich nicht nur um Massenbewegung in wagerechter, sondern auch in senkrechter Richtung, im allgemeinen aber nicht um Überwindung großer Entfernungen. Eine geschickte Verwendung der erwähnten technischen Hilfsmittel kann die Gutsbetriebskosten wesentlich verringern, selbst wenn der Einbau in vorhandene Räume erfolgt. In vollstem Umfang freilich kommt der wirtschaftliche Wert solcher Fördereinrichtungen erst bei der Neuerrichtung von Gütern zur Geltung, weil durch sie die gegenseitige Lage der verschiedenen Baulichkeiten zueinander, ihre Grundfläche, ihre sonstigen Abmessungen, sowie ihre Ausführungsart im weitesten Ausmaße günstig beeinflußt werden und zwar nicht nur in bezug auf die einmaligen Baukosten, sondern auch auf die immer wiederkehrenden Betriebsausgaben.

Die große Verschiedenartigkeit der örtlichen und betrieblichen Gutsverhältnisse läßt es untunlich erscheinen, über erforderliche Motorstärke und voraussichtlichen Strombedarf Durchschnitts- oder Erfahrungszahlen zu nennen, die im Einzelfall kaum zutreffen werden. Hier kann nur der Sachverständige in richtiger Bewertung der Förderlasten, Entfernungen, Höhenunterschiede, Reibungsverluste usw. zu einem richtigen Urteil kommen.

p) Werkzeugmaschinen für Holz- und Metallbearbeitung. Außer den Arbeitsmaschinen der bisher geschilderten Art, die unmittelbar der Gewinnung, Bearbeitung und Beförderung der landwirtschaftlichen Erzeugnisse dienen, benötigt jeder, auch der kleinste Landwirt Werkzeuge und, sobald eine gewisse Betriebsgröße überschritten ist, Werkzeugmaschinen, um seine Geräte in guter Ordnung halten zu können. Die verbreitetste und einfachste Maschine dieser Art ist der Schleifstein, der bisher fast immer durch Hand oder Fuß in Umdrehung gesetzt wurde, dessen Leistung jedoch durch elektromotorischen Antrieb sowohl in bezug auf Güte, als auch auf Schnelligkeit erheblich verbessert wird. Wenn sonst für einen Elektromotor noch eine andere Verwendungsmöglichkeit vorliegt, sollte man auch unbedingt den Schleifstein für diese Antriebsart einrichten.

Eine ähnlich einfache und vielfach benutzte Maschine ist die Kreissäge zum Schneiden von Brenn- und Nutzholz, die sich wegen ihrer hohen Drehzahl für den elektrischen Antrieb ganz besonders gut eignet.

Tafel 15. Größe und Kraftbedarf von Kreissägen.

| Blatt-durchmesser mm | Drehzahl je min | Kraft-bedarf etwa kW |
|---|---|---|
| etwa 250 | 3500 | 1,1 |
| „ 400 | 2500 | 3 |
| „ 600 | 1700 | 4,5 |
| „ 900 | 1150 | 6,5 |
| „ 1000 | 1000 | 7,6 |

Mit der Gutsgröße und der zunehmenden Maschinenverwendung wächst das Bedürfnis nach weiteren Werkzeugmaschinen, die zweckmäßig in je einem Raum für Holz- und Metallbearbeitung vereinigt werden. Es entstehen dadurch Stellmacherwerkstätten, in denen auch einfache Tischler- und Zimmererarbeiten ausgeführt werden können, und Gutschmieden, die sich im Bedarfsfalle zu richtigen Maschinen-Instandsetzungs-Werkstätten auswachsen und die Ausführung von Schlosserarbeiten ermöglichen. Zur Ausrüstung einer Gutstellmacherei für größere Güter gehören in der Hauptsache:

eine Bandsäge von etwa 800 mm Rollendurchmesser,
„ Hobelmaschine mit 400 oder 500 mm Hobelbreite,
„ Radmaschine für 1500—1800 mm Raddurchmesser,
ein Sandschleifstein von 700 mm Durchmesser mit eisernem Kasten
eine Hobelmesser-Schleifmaschine.

Tafel 16. Größe und Kraftbedarf von Bandsägen.

| Rollendurchmesser mm | Schnitthöhe mm | Drehzahl je min. | Kraftbedarf etwa kW |
|---|---|---|---|
| 600 | 300 | 600 | 1,1 |
| 700 | 400 | 550 | 1,5 |
| 800 | 500 | 500 | 2 |

Tafel 17. Größe u. Kraftbedarf von Holzhobelmaschinen.

| Hobelbreite mm | Kraftbedarf kW |
|---|---|
| 250 | 2 |
| 300 | 2,5 |
| 400 | 3,3 |
| 500 | 4 |
| 600 | 5 |

Der Kraftbedarf einer derartigen Stellmacherei beträgt etwa 3,7 kW unter der Voraussetzung, daß alle Werkzeugmaschinen durch einen gemeinsamen Elektromotor mittels Riemen- und Wellenübertragung angetrieben werden. Empfehlenswert ist auch in diesem Falle die Durchführung des Einzelantriebs, weil man dadurch in der Aufstellung der Maschinen beweglicher wird und bei etwa gleicher Höhe der Anschaffungskosten dauernde Übertragungsverluste erspart.

Die Gutschmiede

enthält in ihrer einfachsten Ausstattung ein Schmiedefeuer mit elektrischem Gebläse für ein Feuer, einen Amboß, einen Schleifstein, eine Gesenkplatte und die erforderlichen Werkzeuge. Die zur Ergänzung der Stellmacherei erforderlichen Maschinen: Reifenbiege-, Schweiß-, Stab- und Stauchmaschine werden in Gutschmieden wegen ihrer verhältnismäßig geringen zeitlichen Beanspruchung in der Regel mit Hand betrieben. Sobald sich aus der Gutschmiede die Maschinenreparaturwerkstatt entwickeln soll, muß zu den bisher erwähnten Werkzeugmaschinen vor allem eine sogenannte Schmiedebohrmaschine treten für Löcher bis 30 mm Dmr. (Schmiedeeisen) mit Schraubstock, Bohrfutter für Vierkant- und Spiralbohrer, Gabel zum Radreifenbohren und mit einer Radgrube für Räder bis 1800 mm Dmr. Zum weiteren Ausbau werden benötigt:

eine Schnellbohrmaschine für Spiralbohrer bis 12 oder 16 mm Dmr.,
„ Schmirgelschleifmaschine mit 2 Schleifscheiben und 300 mm Dmr.,
„ Leitspindeldrehbank mit Dreibackenfutter, Wechselrädern und Brillen zum Drehen von Bolzen, Zapfen, Lagerschalen u. a. m. Spitzenweite und Spitzenhöhe richtet sich nach der Größe der vorhandenen landwirtschaftlichen Maschinen bzw. nach den Maßen der größten Einzelteile, die für Drehbankarbeiten in Betracht kommen.

Von der gleichen Voraussetzung und von dem Umfange des landwirtschaftlichen Maschinenparkes hängt es ferner ab, ob man noch eine Gewindeschneidemaschine für Kraftbetrieb mit etwa 0,75 kW Kraftbedarf und einen Luftschmiedehammer von etwa 30 kg Hammergewicht mit etwa 3 kW Kraftbedarf aufstellt. Die anderen vorher genannten

Werkzeugmaschinen betreibt man in der Regel mittels Wellen und Riemen durch einen gemeinsamen Elektromotor von etwa 1,5—2,25 kW Leistung. Ob auch hier dem Einzelantrieb der Vorzug zu geben ist, hängt im wesentlichen von dem voraussichtlichen Beschäftigungsgrad der einzelnen Maschine ab, bzw. davon, ob man mit einem nennenswerten Übertragungsverlust rechnen muß.

In kleineren Betrieben, für die besondere Werkstätten nicht tragbar sind, soweit sie nicht etwa nebenbei für andere handwerksmäßigen Betriebe ausgenutzt werden können, wird man vielfach mit Vorteil die auf S. 40 erwähnten Elektrowerkzeuge, insbesondere die feststehenden und ortsveränderlichen Bohrmaschinen, Kreissägen usw. verwerten können, weil sie wenig Raum einnehmen und überall dort angeschlossen werden können, wo Arbeiten auszuführen sind.

Die weitgehendste Einführung des elektrischen Betriebs in die Gutswerkstatt empfiehlt sich besonders deshalb, weil seine Vorzüge in diesem Fall besonders stark in die Erscheinung treten.

Die gewissenhafte und rechtzeitige Instandsetzung und Instandhaltung der landwirtschaftlichen Geräte und Arbeitsmaschinen sind wichtige, von einsichtigen Landwirten und Technikern immer wieder erhobene Forderungen. Man sollte die in der Landwirtschaft als selbstverständlich geübte Aufmerksamkeit für die Zug- und Haustiere auch auf die Geräte und Maschinen ausdehnen und sich bemühen, das etwa noch fehlende, hierzu erforderliche technische Verständnis zu erwerben, weil erst durch seinen Besitz die Freude an der Maschinenarbeit und ihrer besten wirtschaftlichen Ausnutzung möglich wird. Ihren wahren Wert erhalten alle gut konstruierten und gebauten Maschinen erst dann, wenn sie zweckmäßig angewendet und dauernd in gutem Zustande erhalten werden.

## C. Kostenanschlag und Betriebskostenberechnung.

### a) Allgemeines.

Die im vorhergehenden Abschnitt B. enthaltenen Zahlen und technischen Bemerkungen geben dem Landwirte die Möglichkeit, festzustellen, welche der bereits in seinem Besitz befindlichen Arbeitsmaschinen und welche seiner Werkzeugmaschinen sich für den elektromotorischen Antrieb eignen. Er kann sich ferner überlegen, welche weiteren Arbeitsmaschinen und Einrichtungen zweckmäßigerweise zu beschaffen sind, nachdem ihm im Elektromotor dafür die geeignetste Antriebskraftmaschine näher bekannt geworden ist. Und endlich wird er sich einigermaßen klar darüber werden, wie groß Zahl und Leistung der erforderlichen Elektromotoren sein muß, welche davon ortsfest und welche ortsveränderlich zu wählen sind, wo sie aufgestellt bzw. wo dafür Anschlüsse (Steckdose u. a. m.) vorgesehen werden sollen und welche sonstigen Anwendungsmöglichkeiten des elektrischen Stromes (Licht, Wärme u. a. m.) zu berücksichtigen sind.

Je größer das Gut und die geplante elektrische Anlage ist, desto mehr empfiehlt es sich, zu diesen Feststellungen erfahrene Berufsgenossen und einen vertrauenswürdigen Sachverständigen hinzuzuziehen, damit der Plan von allen Seiten beleuchtet und geklärt werde. Es ist empfehlenswert, die dadurch festgelegten Verbrauchstellen in einen Grundrißplan des Gutes einzutragen und sonstige Wünsche und Forderungen zu Papier zu bringen. Durch diese Unterlagen wird der elektrotechnische Sachverständige in den Stand gesetzt, das Leitungsnetz zu entwerfen, die Zahl und Art der erforderlichen Motoren, Lampen usw., Länge, Querschnitt und Art der Leitungen nebst allem Zubehör und die voraussichtliche Arbeitszeit für deren Anbringung festzustellen und die Preise dafür einzusetzen. Schon bei der Auswahl des oder der veranschlagenden Sachverständigen ist Vorsicht am Platze, denn nur ein in seinem Fache gründlich bewanderter und mit den landwirtschaftlichen Verhältnissen vertrauter, gewissenhafter Elektrotechniker kann alles übersehen, was bei der wichtigen und grundlegenden Durchführung seiner Arbeit zu beachten ist. Bei großen Anlagen ist es unter Umständen wirtschaftlich richtig, einen sachverständigen Berater, der nicht selbst derartige Anlagen ausführt, mit der Projektaufstellung, Begutachtung der Kostenanschläge, Überwachung der Ausführungsarbeiten, Abnahme und Prüfung der fertigen Anlage und Prüfung der Rechnungen zu beauftragen und entsprechend dafür zu bezahlen. Natürlich muß auch dieser Sachverständige das Vertrauen seines Auftraggebers verdienen.

### b) Der Kostenanschlag

soll nicht nur einen Anhalt dafür geben, welche Geldmittel für die Beschaffung der Anlage gebraucht werden, wie hoch also die einmaligen Anlagekosten sind, sondern die letzteren bilden auch einen wichtigen Teil der Unterlagen für die Betriebskostenberechnung, also für die immer wiederkehrenden, laufenden Betriebsausgaben. Diese Beziehungen zwischen Anlage- und Betriebskosten finden, wie später noch näher darzulegen sein wird, ihren Ausdruck in den Posten der letzteren für den sogenannten Zinsendienst, d. h. für Verzinsung und Abschreibung des Anlagekapitals. Niedrige Anlagekosten verringern also auch die Betriebskosten! Trotzdem würde es falsch sein, aus diesem Grunde seine Entschlüsse lediglich von der Höhe der Anlagekosten beeinflussen zu lassen. Es ist auch sonst so: Das Billigste ist in der Regel nicht das Beste. Das aber trifft ganz besonders auf elektrische Anlagen in landwirtschaftlichen Betrieben zu. Eine solche Anlage besteht nicht nur aus einer großen Zahl der verschiedensten Teile, die sorgfältig ausgewählt, ausgeführt und miteinander zu einem sicher betriebsfertigen Ganzen zusammengefügt werden müssen, sondern sie ist auch einer Reihe schädlicher Einflüsse ausgesetzt (z. B. Staub, Feuchtigkeit, Säuregase, unsachgemäße Bedienung usw.), so daß hier gerade das Beste gut genug ist. Wenn dadurch auch im Vergleich mit minderwertigen Ausführungen die Anlagekosten und der betreffende Teil der Betriebsausgaben erhöht werden, so wird das mehr als ausgeglichen durch die höhere Betriebsicherheit und die längere Lebensdauer, was in niedrigeren Instandhaltungskosten usw. auch zahlenmäßig zum Ausdruck kommt, ganz abgesehen von der Annehmlichkeit seltener Störungen.

Zu den Anlagekosten gehören außer den veranschlagten oder gelieferten Waren, Maschinen und Geräten auch noch die Kosten für Verpackung, Fracht, Verladung und Entladung, Ab- und Anfuhr, Transportversicherungen jeder Art und für die Aufstellung.

### c) Die laufenden Betriebskosten

setzen sich folgendermaßen zusammen:

#### 1. Feste Kosten.

$\alpha$) Zinsen: bei eigenem Gelde Ausleihe-Zinsfuß,
bei fremdem Gelde Leihzinsfuß.

Daß man Zinsen berechnen muß, was leider nicht immer geschieht, folgt zwingend aus der Überlegung, daß man fremdes Geld tatsächlich verzinsen muß, daß man aber andererseits eigenes Geld, wenn man es nicht in Sachwerten festlegt, durch Verleihen, Kaufen von Wertpapieren usw. zinsbringend verwerten kann.

$\beta$) Abschreibung. Jede gekaufte Ware verliert, sobald sie in Gebrauch genommen wird, einen Teil ihres Wiederverkaufswertes. Im weiteren Verlauf des Gebrauchs erhöht sich infolge Alterns und der natürlichen Abnutzung diese Entwertung. Endlich ist bei Bemessung der Abschreibungshöhe der voraussichtlichen Tatsache Rechnung zu tragen, daß Anlagen der hier in Betracht kommenden Art infolge des wahrscheinlichen technischen Fortschrittes auf diesem Gebiete nach geraumer Zeit vergleichsweise an Wert verlieren. Aus diesen Gründen setzt man in die jährlichen Betriebsausgaben einen gewissen Hundertsatz vom Anlagekapital ein, um zu erreichen, daß nach einer bestimmten Reihe von Jahren das Anlagekapital vollständig abgeschrieben ist, oder wie der Kaufmann sagt, mit Null zu Buche steht. Es ist nicht leicht, die Höhe des Hundertsatzes so zu bestimmen, daß er dem wirklichen Verlauf der kommenden Dinge genau entspricht. Man muß Rücksicht nehmen, z. B. auf die voraussichtliche Benutzungsdauer der Elektromotoren, weil davon ihre Abnutzung und Entwertung beeinflußt wird. Dagegen kann die Abschreibung für die ruhenden Anlageteile, z. B. die Leitungsdrähte geringer eingesetzt werden, weil ihr Metallwert im allgemeinen bestehen bleibt, ihre isolierenden Umhüllungen aber nur durch das natürliche Altern an Wert verlieren. Nicht zuletzt wird die Abschreibungsgebühr davon beeinflußt, ob die Anlage insgesamt und in allen Einzelheiten sachgemäß und gewissenhaft ausgeführt ist.

γ) Unterhaltung (Instandhaltung und Ausbesserung). Die Höhe dieses Ausgabepostens unterliegt den soeben angestellten Erwägungen ebenfalls; in höherem Maße aber wird sie beeinflußt von der Art der pfleglichen Behandlung, die, wenn sie von eigenen Kräften sorgsam durchgeführt wird, an sich weniger Ausgaben verursacht und außerdem durch Verhinderung größerer Störungen die Kosten herabdrückt.

δ) Sachversicherung. Die auf die elektrischen Anlagen entfallenden anteiligen Kosten für Feuer-, Unfall-, Haftpflicht- und ähnliche Versicherungen gehören zu diesem Posten.

## 2. Bewegliche Kosten.

α) Elektrischer Strom. Der voraussichtliche jährliche Strombedarf kann roh nach dem alten Erfahrungsatz eingeschätzt werden, wonach im großen Durchschnitt für Licht und Kraft, ohne Bodenbearbeitung, 20 kWh je ha unter dem Pfluge im Jahre gebraucht werden. Will man jedoch diese Kosten genauer den besonderen Verhältnissen des einzelnen Falles anpassen, dann kann man das unter Benutzung der unter B. in diesem Abschnitt angegebenen Verbrauchszahlen für Kraftstrom tun. Die dafür außerdem erforderlichen Mengen und Gewichtszahlen, z. B. durchschnittliche Ernteerträge der verschiedenen Körner- und Hackfrüchte, die zu verarbeitende Milchmenge im Jahre u. a. m., sollten tunlichst den Erfahrungen auf dem betreffenden Gute selbst entnommen oder von unter ähnlichen klimatischen Verhältnissen arbeitenden Nachbarn erbeten werden. Ebenso wird man der Schätzung des Lichtstromes die in der näheren Umgebung gewonnenen Erfahrungs-Durchschnittszahlen zugrunde legen.

β) Schmier- und Putzstoffe. Glühlampenverbrauch. Sicherungseinsätze. Der Verbrauch an Schmieröl und Putzstoff spielt bei den Elektromotoren keine nennenswerte Rolle, zumal wenn geeignetes Öl verwendet und die Lager gut gewartet werden. Wichtiger als die unmittelbaren Ausgaben hierfür ist der Einfluß der Ölsorte und der sorgfältigen Bedienung auf die Lebensdauer der Maschinen und auf die sich im Strommehrverbrauch ausdrückenden Reibungsverluste.

Der Lampenersatz errechnet sich aus der Zahl der gebrauchten Lampen, ihrer durchschnittlichen Benutzungs- und ihrer erfahrungsmäßigen Lebensdauer, die man jetzt mit etwa 800 Stunden annehmen kann.

Der Verschleiß an Sicherungseinsätzen ist um so geringer, je besser die Anlage ausgeführt ist und gepflegt wird und je mehr Sicherungsautomaten an Stelle von Schmelzpatronen eingebaut sind.

γ) Bedienung. Der Elektromotor bedarf wegen seines einfachen mechanischen Aufbaues sowohl zur Pflege als auch während des Betriebes erheblich weniger Arbeitskraft und Arbeitszeit als andere Kraftmaschinen:

Bedienungskosten für die anderen Teile der elektrischen Anlage entstehen höchstens beim Reinigen, fallen also kaum ins Gewicht.

Die für eine elektrische Anlage durchgeführte Betriebskostenberechnung hat nur Zweck, wenn man ihr Ergebnis mit demjenigen der nach gleichen Grundsätzen sinngemäß durchgeführten Berechnung anderer Kraftversorgungsanlagen vergleichen kann. Solche Vergleiche werden sich vorwiegend auf den Antrieb von Arbeitsmaschinen beziehen und beschränken. Denn die Vorzüge und Annehmlichkeiten der elektrischen Beleuchtung zum Beispiel sind so unbestritten, daß eine Vergleichsberechnung nicht notwendig und auch insofern schwer durchführbar ist, als auf elektrischem Wege die Beleuchtungsanlage bezüglich Lampenverteilung und Größe, Schaltbarkeit usw. einen mit anderen Beleuchtungsarten überhaupt nicht vergleichbaren Charakter annehmen kann.

Deshalb empfiehlt es sich, die Anlage- und Betriebskosten der verschiedenen Anwendungsmöglichkeiten des elektrischen Stromes in der Wirtschaft — Kraft, Licht, Wärme usw. — von vornherein besonders zu errechnen.

Für den Vergleich mit dem Elektromotor kommen in Betracht die Muskelkraft von Menschen und Tier, der Windmotor und die Wärmekraftmaschine (Dampfmaschine oder Turbine, Benzin-, Benzol- Diesel- und ähnliche Explosionsmotoren, die mit flüssigen Brennstoffen arbeiten). Der mit Leuchtgas betriebene Gasmotor scheidet für die Landwirtschaft aus dem Vergleich aus, weil die Anschlußmöglichkeit an ein Gasrohrnetz in der Regel nicht vorhanden ist.

Im allgemeinen wird der Landwirt derartige Vergleichsberechnungen nicht ohne Mitwirkung eines technischen Beraters durchführen können, der das gesamte Kraftmaschinengebiet und seinen mittelbaren und unmittelbaren Einfluß auf die besonderen landwirtschaftlichen Verhältnisse zu übersehen vermag. Deshalb sei hier nur auf einige Punkte hingewiesen, die als Beispiel für die Schwierigkeiten dienen sollen, die sich derartigen Vergleichen entgegenstellen.

1. Im Gegensatz zu den mechanischen Kraftquellen spielen bei der menschlichen und tierischen Muskelkraft die Ermüdungserscheinungen eine Rolle, die von Einfluß auf die gesamte Wirkung sind und in dem Arbeitstundenpreis für je einen Mann oder ein Gespann zum Ausdruck kommen müssen. Vielfach werden auch die Selbstkosten für Wohnung und Verpflegung, für Steuern und Abgaben usw. bei den Arbeitern, für Pflege, Versicherung und Unterbringung bei den Arbeitstieren unterschätzt.

2. Wärmekraftmaschinen aller Art haben erheblich mehr Lager und bewegte, der Abnutzung unterworfene Teile als der einfache Elektromotor; das beeinflußt alle Posten der Betriebskostenberechnung (vgl. S. 22), und zwar:

die Zinsen, weil die Anschaffungskosten höher sind,

die Abschreibung, weil bei gleicher Benutzung die Lebensdauer kürzer ist, die Unterhaltung, weil der schnellere Verschleiß der zahlreichen Einzelteile öfters Instandsetzungen und Einsetzen von Ersatzteilen im Gefolge hat,

die Sachversicherung, weil nicht nur der Anschaffungspreis, sondern auch die Feuers- und Explosionsgefahr größer ist,

den Kraftstoff, weil die zahlreichen Lager und Reibungstellen die Leerlaufsverluste erhöhen, so daß der Kraftstoffverbrauch sich weniger der wirklichen Beanspruchung anschmiegt, mit anderen Worten, daß bei schwacher Belastung der Kraftstoffverbrauch verhältnismäßig hoch ist,

die Schmier- und Putzstoffe, weil mit der Zahl der Lager der Ölverbrauch und mit der Zahl der bewegten Teile der Putzstoffverbrauch steigt und

die Bedienung, weil die Maschinenpflege, das Schmieren usw. mehr Zeit beansprucht und weil z. B. bei der Dampflokomobile das Kesselheizen den Maschinisten fast dauernd beansprucht.

3. Wärmekraftmaschinen erfordern zum Heranschaffen der Kraftstoffe Arbeit und zu ihrer Aufbewahrung Platz und schützenden Raum. Die Dampflokomobile benötigt zum Anheizen und zum Dampfhalten während der Betriebspausen Stoff und Arbeit, der Elektromotor braucht seine Elektrizität dagegen nur, wenn und soweit er Arbeit leistet. Die Leistung der Dampflokomobile wird von dem Sachverständnis und der Zuverlässigkeit ihres Maschinisten stark beeinflußt; er muß infolgedessen besser bezahlt werden. Die natürliche Abnutzung der Dichtungen, Zylinder und Kolben der Wärmekraftmaschine verringert im Laufe der Zeit deren Wirkungsgrad und erhöht dadurch den Kraftstoffverbrauch je Arbeitseinheit. Eine ähnlich wirkende Abnutzung des Elektromotors liegt nicht in seiner Natur, der Stromverbrauch je Arbeitseinheit bleibt also immer gleich. Deshalb sollte man bezüglich des Kraftstoffverbrauches nicht ganz neue Wärmekraftmaschinen mit dem Elektromotor vergleichen, sondern Durchschnittsvergleichszahlen zwischen neuen und alten Maschinen in die Vergleichsrechnung einsetzen. Dagegen soll man bezüglich der Anschaffungskosten nur neue Anlagen miteinander vergleichen und nicht etwa für eine vorhandene und durch den Gebrauch abgenutzte Anlage den Zeitwert einsetzen. Das würde ein falsches Bild geben und vielfach den technischen und wirtschaftlichen Fortschritt hemmen. Es muß in diesem Zusammenhange wiederholt darauf hingewiesen werden, daß Entschließungen der in Frage stehenden Art nicht lediglich von den in Zahlen ausdrückbaren Untersuchungsergebnissen abhängig gemacht werden dürfen. Man muß vielmehr auch den mittelbaren Einflüssen gebührend Rechnung tragen, die eine technische Verbesserung auf Wirtschaftlichkeit und Annehmlichkeit des Betriebes ausüben kann, ohne daß sie sich zahlenmäßig erfassen läßt.

4. Es ist nicht angängig und führt zu durchaus falschen Schlüssen, wenn man, wie es unbegreiflicherweise zuweilen geschieht, lediglich die Kraftstoff-

kosten miteinander vergleicht. Nach dem in den vorigen Abschnitten über Erzeugung, Verteilung und Umwandlung des elektrischen Stromes Gesagten erscheint es ohne weiteres erklärlich, daß an der Verwendungstelle der elektrische Strom vergleichsweise im allgemeinen teurer sein muß als die entsprechende Menge Kohle an derselben Stelle. Wenn der Vergleich zu richtigen Ergebnissen führen soll, dürfen die oben angegebenen anderen Betriebsausgaben nicht vernachlässigt werden.

## D. Vergebung von Aufträgen auf elektrische Anlagen.

Ist man auf Grund der vorliegenden Kostenanschläge und Betriebskostenberechnungen, sowie unter Berücksichtigung der in Zahlen nicht ausdrückbaren Vorteile und Annehmlichkeiten der Elektrizitätsverwendung zu dem Entschlusse gekommen, sich eine elektrische Anlage zu beschaffen, dann muß man sich entschließen, wem man den Auftrag erteilen will. Vorher sollte man sich nach Maßgabe der vorangegangenen Besprechungen und Überlegungen vollständig klar darüber werden, was man eigentlich haben und welche Bedingungen man stellen will. Nach diesen Klarstellungen sind im Bedarfsfalle der vorher erwähnte Gutsplan mit den Stromverbrauchstellen, sowie die schriftliche Niederlegung der Wünsche zu berichtigen. Und schließlich gehört zu diesen Vorbereitungen der Entschluß, ob und in welchem Umfange man etwa einen fachmännischen Berater, der nicht selbst Anlagen ausführt, hinzuziehen will. Will man das nicht, so hat man dem oder den Bewerbern um den Auftrag die erwähnten Unterlagen zuzustellen, diese mit ihnen durchzusprechen und dann folgendes zu fordern:

1. Eine Erklärung, ob der Unternehmer bereit ist, die Anlage in dem durch den Anschlag festgelegten Umfange zu einem festen Gesamtpreise auszuführen.

2. Eine weitere Erklärung, daß der Unternehmer sich verpflichtet, nicht nur die allgemeinen Regeln der Elektrotechnik, sondern auch die zur Zeit gültigen besonderen Vorschriften des stromliefernden Werkes, ferner die vom Verband Deutscher Elektrotechniker herausgegebenen „Vorschriften für die Errichtung und den Betrieb elektrischer Starkstromanlagen nebst Ausführungsregeln", sowie das „Merkblatt für die Errichtung elektrischer Starkstromanlagen in der Landwirtschaft" seinen Arbeiten zugrunde zu legen. In außerdeutschen Ländern treten die dort geltenden Bestimmungen und Vorschriften an Stelle der soeben erwähnten.

3. Vorlegung von Mustern des angebotenen Installationsmaterials, sowie Angaben über das System und den Hersteller der veranschlagten Elektromotoren nebst Zubehör.

4. Bezeichnung von Anlagen, die der Bewerber bereits ausgeführt hat und über deren Ausführung man sich bei ihrem Besitzer erkundigen darf.

5. Eine Erklärung darüber, welche Gewähr und auf welche Zeit der Anbietende diese für seine Lieferungen und Leistungen übernimmt.

6. Vorschläge wegen der Zahlungsbedingungen.

7. Zusicherung hinsichtlich Lieferzeiten und Dauer der Ausführungsarbeiten.

Die Prüfung der daraufhin eingehenden Angebote soll sich nicht lediglich auf deren Schlußsumme beschränken, sondern sich vor allem darauf erstrecken, was im einzelnen nach Länge, Stückzahl und Gewicht eingesetzt wurde, welche Ausführungsformen und Bezugsquellen dafür angegeben werden und ob den Wünschen des Anfragenden in allen Punkten Rechnung getragen worden ist. Erst dadurch werden die abgegebenen Preise in die richtige Beleuchtung gerückt, denn man kann diese Preise beim Vorliegen mehrerer Angebote nur dann miteinander vergleichen, wenn sie sich auf gleichwertige Lieferungen und Leistungen beziehen. Nicht zuletzt hat man darauf zu achten, ob der Unternehmer, dem man den Auftrag erteilen will, einen guten Ruf als Geschäfts- und Fachmann besitzt, ob er insbesondere über ausreichende Erfahrungen auf dem Sondergebiete elektrischer Anlagen in der Landwirtschaft verfügt und endlich, ob seine Geschäftslage so ist, daß er die zu übernehmenden Verpflichtungen nicht nur zu versprechen, sondern auch zu halten vermag. Es empfiehlt sich, wenigstens bei größeren Aufträgen, die beiderseitigen Verpflichtungen in die Form eines Vertrages oder in die eines von der Gegenseite schriftlich zu bestätigenden Auftragschreibens zu bringen. Je klarer und schärfer diese Schriftstücke abgefaßt sind, desto mehr erfüllen sie den damit angestrebten Zweck, Auslegungs- und Meinungsverschiedenheiten und den darauf folgenden Mißhelligkeiten und Streitigkeiten von vornherein den Boden zu entziehen.

# ANHANG

## Elektrische Anlagen in der Landwirtschaft[1]).

### A. Leitsätze für die Errichtung elektrischer Starkstromanlagen in der Landwirtschaft[2]).

Gültig ab 1. Januar 1926.

§ 1.

**Allgemeines.**

a) Die Ausführung elektrischer Anlagen ist nur zuverlässigen Unternehmern zu übertragen. Nur gewissenhafte Arbeit unter Verwendung besten Materials ergibt störungsfreien Betrieb und Sicherheit gegen Brandgefahr und Unfälle.

b) Gut gebaute Anlagen ersparen häufige Reparaturen; sie sind daher die billigsten im Betriebe, auch wenn sie bei der ersten Einrichtung höhere Kosten erfordern.

c) Die Anlagen müssen den Vorschriften und Normen des V.D.E. entsprechen.
Es empfiehlt sich, darauf zu dringen, daß nur Installationsmaterial verwendet wird, das mit dem Prüfzeichen des V.D.E. versehen ist.

d) Vor Inbetriebnahme ist die ordnungsmäßige Beschaffenheit der Anlagen durch den Stromlieferer oder einen behördlich anerkannten Sachverständigen festzustellen.

e) Im einzelnen sind bei der Errichtung die nachstehenden Punkte besonders zu beachten.

§ 2.

**Leitungen im Freien und Leitungseinführungen.**

a) Hauptleitungen sind tunlichst im Freien zu verlegen. Ihre Führung ist so einfach wie möglich zu gestalten.

b) Über Fahrwegen und Wirtschaftshöfen sind die Leitungen in solcher Höhe zu verlegen, daß beim Verkehr beladener Wagen die darauf befindlichen Personen nicht gefährdet werden.

---

[1]) Angenommen durch den Vorstand des Verbandes Deutscher Elektrotechniker im November 1925.

[2]) Freileitungsnetze fallen nicht unter diese Bestimmungen.

c) Einführungstellen der Leitungen in die Gebäude mittels Dachständer oder Mauerdurchführungen sind so zu wählen, daß die Leitung zwischen der Einführung und der Hausanschlußsicherung möglichst kurz wird.
d) Dachständereinführungen dürfen nicht an solchen Teilen von Räumen münden, die zur Aufnahme leicht entzündlicher Stoffe bestimmt sind (z. B. Heu- und Strohlager).
e) Die Dachständer und ihre Tragkonstruktionen müssen kräftig ausgeführt sein. Die Durchführung muß gegen das Dach sorgfältig abgedichtet sein. Schutzrohre für Leitungen müssen so gebaut und verlegt sein, daß kein Wasser eindringen und das Schwitzwasser ablaufen kann.
f) Mauerdurchführungen sind so herzustellen, daß Wasser von außen nicht eindringen und das Schwitzwasser ablaufen kann.

## § 3.

## Leitungen in Gebäuden.

a) Als Leitungsbaustoff ist Kupfer zu verwenden.
b) In ständig trockenen Räumen ist die Verlegung in Rohr oder Rohrdraht die Regel.
c) Sind die Räume zeitweilig feucht (z. B. Haus- und Wohnküchen), so müssen die Rohre einen Schutzanstrich erhalten.
d) Sind die Räume feucht (Stallungen, Molkereien, Futterküchen usw.), so empfiehlt es sich, die Leitungen an der Außenseite der Gebäude zu verlegen und nur kurze Ableitungen zu den einzelnen Verbrauchstellen einzuführen.
e) In feuchten Räumen ist außerhalb des Handbereiches offene Verlegung auf Porzellanglocken oder Mantelrollen von mindestens 65 mm Höhe, sonst Verlegung in gut abgedichteten Panzerrohren auf Abstandschellen oder Verlegung in Kabeln oder kabelähnlichen Leitungen (gegen chemische und mechanische Beschädigungen geschützt) zulässig. Rohre müssen einen dauerhaften Schutzanstrich erhalten, der in angemessenen Zeiträumen zu erneuern ist.
f) Für spannungführende Leitungen, die innerhalb feuchter Betriebsräume offen verlegt werden, darf nur NGAW-Leitung nach den „Vorschriften für isolierte Leitungen in Starkstromanlagen" verwendet werden. Für geerdete Leiter ist NL-Leitung nach den „Normen für umhüllte Leitungen in Starkstromanlagen" zu verwenden.
g) Für Wand- und Deckendurchführungen in feuchten Räumen sind, soweit nicht offene Durchführung oder Verlegung in Kabeln oder kabelähnlichen Leitungen verwendet wird, nur fabrikations- oder werkstattmäßig hergestellte Durchführungen zu verwenden. Durchführungen, die am Orte der Verwendung vergossen werden müssen, sind unzulässig. Die fabrikationsmäßig hergestellten Durchführungen müssen so ausgeführt sein, daß ein Niederschlag von Feuchtigkeit innerhalb der

Durchführungen vollständig ausgeschlossen ist. Die Einführungstellen der Leitungen in die Durchführungen müssen abdichtbar sein.

h) In Räumen mit leicht entzündlichem Inhalt (Heu- und Strohlager usw.) sollen Leitungen nur soweit verlegt werden, als sie dort benötigt werden. Die Leitungen sind in Stahlpanzerrohren, als Kabel oder kabelähnliche Leitungen zu verlegen und so anzuordnen, daß sie möglichst kurz sind. Im allgemeinen soll das Durchführen von Leitungen durch solche Räume, wenn in ihnen selbst keine Stromverbraucher angeschlossen sind, vermieden werden.

§ 4.

## Biegsame Leitungen.

a) Biegsame Leitungen für bewegliche Stromverbraucher müssen, soweit sie nicht in Wohnräumen Verwendung finden, besonders kräftige und dauerhafte Schutzhüllen besitzen, die nicht aus Metall bestehen dürfen.

§ 5.

## Abschaltbarkeit.

a) Die elektrische Anlage eines landwirtschaftlichen Betriebes muß im ganzen oder in ihren Teilen in allen unter Spannung gegen Erde stehenden Polen abschaltbar sein. Zur Abschaltung können Schalter, Sicherungen, Selbstschalter und Stecker dienen.

§ 6.

## Sicherungen, Schalter, Steckvorrichtungen und Lampen.

a) Schalter, Zähler und Sicherungen müssen leicht zugänglich angebracht und vor Beschädigungen geschützt sein.

b) Sicherungen sind in Räumen mit leicht entzündlichem Inhalt (Heu- und Strohlager usw.) verboten (über Zulassung von Sicherungen in Verbindung mit Motorschaltern siehe § 7).

c) Als Schalter sind in Stallungen und sonstigen feuchten Räumen Stangenschalter oder ähnliche Bauarten aus Isolierstoff zu verwenden.

d) Steckvorrichtungen sind in Räumen mit leicht entzündlichem Inhalt (Heu- und Strohlager usw.) nur ausnahmsweise und nur in feuersicher gekapselter Ausführung zulässig.

e) Lampen in feuchten Räumen (Stallungen, Molkereien, Futterküchen usw.) sowie in Räumen mit leicht entzündlichem Inhalt (Heu- und Strohlager usw.) müssen Fassungen aus Isolierstoff haben und mit starken Überglocken, die auch die Fassungen abschließen, bei Gefahr der Beschädigung auch mit Schutzkörben versehen sein.

§ 7.

## Motoren und Zubehör.

a) In Räumen mit leicht entzündlichem Inhalt (Heu- und Strohlager usw.) ist das Aufstellen von Motoren mit ihren Anlassern, Schaltern und Sicherungen möglichst zu vermeiden,

oder die Motoren nebst Zubehör sind innerhalb dieser Räume in besondere feuersichere Kammern einzubauen, die ausreichend zu bemessen oder durch besondere Lüftung zu kühlen sind,
oder die Motoren sind mit geschlossenen Anschlußklemmen auszurüsten. Dabei ist die Umgebung der Motoren nebst Zubehör von entzündlichen Stoffen freizuhalten. Anlasser, Schalter und Sicherungen sind in diesem Fall nur in geschlossener Ausführung zulässig.

b) In allen Fällen ist in Drehstromanlagen die Verwendung von Motoren mit Kurzschlußläufer zu empfehlen.

c) Ortsveränderliche Motoren fallen ebenfalls unter die vorstehenden Bestimmungen, wenn sie nicht mit ihrem Zubehör in Wagen oder dgl. eingebaut sind, die allseitig abgeschlossen werden können. § 6c, Absatz 3, der Errichtungsvorschriften ist hierbei zu beachten.
Unter geschlossener Ausführung für die Anschlußklemmen, Anlasser, Schalter und Sicherungen ist zu verstehen:
Vollständige Abdeckung ohne ausgesprochene Öffnungen, die eine Berührung blanker, spannungführender Teile und das Eindringen von Fremdkörpern verhindert. Vollständiger Schutz gegen Staub, Feuchtigkeit oder Gasgehalt der Luft wird nicht erzielt.

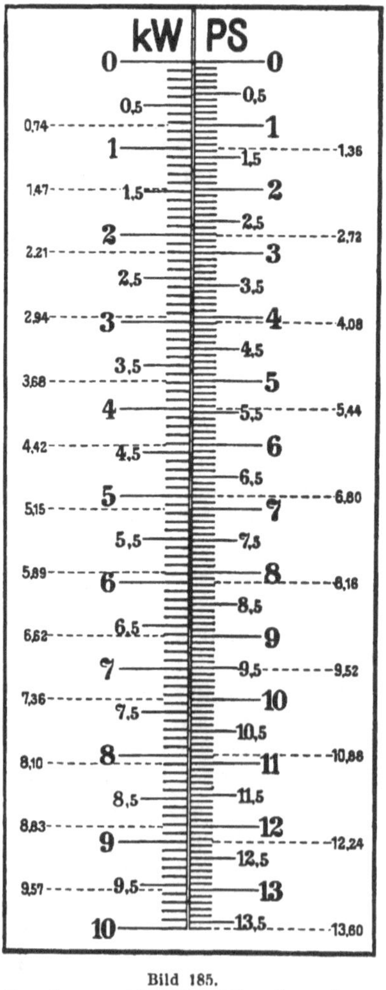


Bild 185.
Umrechnungstafel: kW in PS und umgekehrt.
1 kW = 1,36 PS, 1 PS = 0,736 kW.

§ 8.

## Erdung und Nullung.

a) Bezüglich der Erdung und Nullung von metallenen Bestandteilen der Gebäude und metallenen Schutzhüllen der elektrischen Einrichtungen sind die „Leitsätze für Erdungen und Nullung von Niederspannungsanlagen“ zu beachten.

## B. Merkblatt für die Behandlung elektrischer Starkstromanlagen in der Landwirtschaft mit Erläuterungen der Deutschen Landwirtschafts-Gesellschaft.

Gültig ab 1. Januar 1926.

Landwirte! Beachtet den Zustand eurer elektrischen Anlagen und sorgt für ihre Instandhaltung. Ordnungsmäßig unterhaltene elektrische Anlagen sind unbedingt betrieb- und feuersicher. Vernachlässigte Anlagen führen zu Störungen, Unfällen und Bränden. Besonders ist zu beachten:

1. Haltet die Anlage in allen ihren Teilen rein und in gutem Zustande.

*Was ist rein?*

*a) Motoren, Anlasser, Schalter, Sicherungen sollen nicht naß werden und auch stets von trockenem Staub, Kaff, Kurzstroh und Häcksel frei sein. Wenigstens alle zwei Monate einmal sollten diese Verunreinigungen abgefegt oder abgeblasen werden. Wasser darf zur Reinigung nicht benutzt werden.*

*b) Isolatoren und Einführungen aus Porzellan sollen weiß und blank sein. Nehmt ihre Reinigung wenigstens einmal im Jahre mit reinem, lauwarmem Wasser vor (September). Vorher den Hauptschalter ausschalten!*

*c) Lampen und Schutzglocken sollen klar durchsichtig sein. Schraubt sie zweimal im Jahre (April bis Oktober) heraus und wascht sie mit lauwarmem Sodawasser ab! Metalle sollen nicht ins Wasser kommen.*

*Was versteht man unter gutem Zustand? Das ist der Zustand, in dem euch die Anlage übergeben worden ist.*

*d) Isolatoren, Einführungen, Schutzgläser und Porzellanringe an Beleuchtungskörpern dürfen nicht zerschlagen sein. Laßt zerschlagene Stücke sofort ersetzen!*

*e) Alle Schrauben, durch die Drähte mit Motoren, Anlassern, Hauptschaltern und Sicherungen verbunden sind, müssen stets fest angezogen sein. Lose Verbindungschrauben kommen leicht bei Motoren vor, die Erschütterungen ausgesetzt sind. Wenigstens alle zwei Monate einmal sollen lose gewordene Schrauben angezogen werden. Vorher den Hauptschalter ausschalten!*

*f) Erdungsleitungen, d. h. Leitungen, die irgendeinen Teil der elektrischen Anlage mit der Erde verbinden, müssen unbeschädigt und an die Gegenstände fest angeschlossen sein, für die sie schützend wirken sollen. Prüft mindestens einmal im Jahre (September), ob die Erdleitung nicht etwa abgerissen oder abgebrochen ist!*

*g) Der Anstrich der Schutzrohre und der Leitungsdrähte in Stallungen u. dgl. muß besonders im Winter in Ordnung sein. Erneuerung des An-*

*strichs mit Ölfarbe oder Rostschutzmitteln (kein Kalk) geschieht am besten im Oktober. Vorher den Hauptschalter ausschalten!*

2. Haltet die Schalter, Sicherungen und Motoren zugänglich. Verstellt den Zugang nicht durch Maschinen, Geräte oder sonstige Gegenstände. Sorgt dafür, daß die Einführungstellen von Leitungen in Gebäude von entzündlichen Stoffen freigehalten und der ständigen Beobachtung zugänglich bleiben.

*Was heißt zugänglich?*

*a) Schalter, Sicherungen, Motoren und Anlasser müssen im Falle der Not schnell bedient werden können. Auf jeden Fall räume man um Schalter, Sicherungen, Motoren und Anlasser wenigstens dreimal im Jahre auf (März, Juli, November).*

3. Vermeidet jede Berührung ungeschützter Teile von Leitungen, Maschinen, Schaltern, Sicherungen und Lampen sowie herabhängender gerissener Freileitungen.
Vermeidet bei Ausästen von Bäumen und bei Bauarbeiten die Berührung benachbarter Freileitungen. Errichtet nicht Mieten in der Nähe solcher Leitungen.

*Was sind ungeschützte Teile?*

*a) Das sind alle Teile, die zur Stromleitung dienen und keinen Isolierüberzug haben, z. B. 1. blanke Leitungen oder solche Stellen an isolierten Leitungen, an denen die Isolation beschädigt ist, wie es an Leitungsschnüren der Stehlampen, Handlampen, Plätten, transportablen Kabeln für fahrbare Motoren vorkommen kann; 2. die Gewindeteile an Lampen und Sicherungen; 3. Anschlußschrauben für Leitungen an Schaltern, Motoren und Anlassern; 4. Schleifringe und Bürsten an Motoren. Vor ihrer Reinigung oder Instandsetzung den Hauptschalter ausschalten!*

4. Vermeidet unter allen Umständen, Drahtzäune und metallene Gitter mit Masten und anderen Trägern von Hochspannungsleitungen in Berührung zu bringen.

*Erklärung: Diese Vorschrift betrifft den Schutz von Mensch und Tier gegen die schädlichen Wirkungen solcher elektrischen Ströme, die infolge möglicher Isolationsstörungen (z. B. durch Zerstörung von Isolierglocken) aus den ordnungsmäßigen Leitungen in an sich nicht stromführende metallische Teile der Anlage übertreten und unter Umständen den Tod derjenigen herbeiführen können, die mit solchen Teilen in Berührung kommen.*

5. Benutzt nicht die Schutzschränke und Schutzkasten zum Aufbewahren von Gegenständen.

Benutzt nicht die Schaltergriffe, Isolatorenträger und Leitungen zum Aufhängen von Kleidungstücken oder Geräten, wie Peitschen, Ketten, Stricke od. dgl.

*Anmerkung: Durch diese falsche Benutzung der elektrischen Einrichtungen werden sie sehr oft zerbrochen oder verbogen. Bei jedem Gang durch die Wirtschaft achte auf diese Vorschrift und rüge jeden Verstoß.*

6. Verwendet nur die vorgeschriebenen Sicherungen, haltet stets für alle Sicherungen einige Ersatzstücke von der richtigen Sorte vorrätig.

*Anmerkung: Es ist zu empfehlen, mindestens für jeden Motor*
*6 Reservesicherungen zu halten, ferner*
*1 Reservesicherung für jeden Lichtstromkreis und*
*1 Reservesicherung für jede außerdem in der Anlage vorkommende Sicherung.*
*Rechtzeitig Ersatz beschaffen (Mai und Dezember!).*

Laßt euch durch einen Fachmann angeben, welche Sicherungen ihr braucht.
Niemals darf eine Sicherung durch Draht oder Metallteile überbrückt werden. Dieses bedeutet eine hohe Gefahr für die Anlage und ist strafbar.

*Erklärung: Wird statt der durchgebrannten Sicherung eine geflickte oder ein anderer Gegenstand eingesetzt, so daß der Strom auch ohne eine ordnungsmäßige Sicherung in die Anlage fließt, so können Leitungen, Motoren usw. durchbrennen und andere Gegenstände in Brand setzen. Dieses Verfahren ist daher strafbar und kann den Verlust der Feuerversicherungsentschädigung zur Folge haben (s. 12). Verwendet daher nur die vorgeschriebenen Sicherungen richtiger Sorte (s. 5b)!*

Geflickte, d. h. wiederhergestellte Sicherungen sind unwirksam, schützen nicht vor Feuersgefahr und sind verboten.

*Erklärung: Unter einer „geflickten" Sicherung versteht man eine Sicherung, die durchgebrannt war und nicht in der Ursprungsfabrik ordnungsmäßig wiederhergestellt wurde, sondern von anderen Stellen wieder leitend gemacht ist. Hebt eure durchgebrannten Sicherungen auf und gebt sie bei der Beschaffung der Ersatzsicherungen an (s. 5c)!*

Bei mehrmaligem Durchbrennen der Sicherungen eines Stromkreises muß dieser durch Fachleute nachgeprüft werden.

*Erklärung: Wenn ein und dieselbe Sicherung in kurzer Folge mehrmals durchbrennt, ohne daß ein sichtbarer Anlaß vorliegt (etwa falsche Bedienung des Motors, beschädigte Schnur an der Stehlampe u. dgl.), so ist ein Fehler in der Leitung zu vermuten, den nur ein Fachmann finden kann. Beschafft in diesem Fall auch sofort neue Ersatzsicherungen!*

7. Sorgt dafür, daß alle Schutzkappen für Schalter, Sicherungen, Steckkontakte usw. stets in Ordnung und richtig befestigt sind.

a) *Was versteht man unter Schutzkappen?*

*Das sind diejenigen Teile, welche die stromführenden Teile von Schaltern, Sicherungen und Steckvorrichtungen verdecken und so ihre Berührung verhindern. Sobald stromführende Teile nicht mehr genügend verdeckt werden, ist die Schutzkappe beschädigt oder hat sich verschoben. Überzeugt euch wenigstens alle zwei Monate von der ordnungsmäßigen Beschaffenheit der Schutzkappen!*

Ersetzt beschädigte oder fehlende Teile sofort.
Laßt den Motor öfter reinigen, entfernt von ihm vor der Inbetriebsetzung Stroh, Heu, Häcksel, Staub usw.

b) *Erklärung:*

*Diese Frage ist bereits unter 1a behandelt. Es soll aber auch nicht ein Motor (z. B. ein Dreschmotor), der längere Zeit unbenutzt gestanden hat und verstaubt und trotz vorheriger Reinigung während der Ruhe verschmutzt ist, in diesem Zustande in Betrieb genommen werden. Im übrigen empfiehlt sich, den Dreschmotor sofort nach beendigter Drescharbeit (spätestens im April) gründlich nachsehen und instandsetzen zu lassen. Außerdem soll er noch einmal kurze Zeit vor dem Beginn des Dreschens (also etwa im Juni) nachgesehen werden.*

8. Prüft die Anschlußkabel für bewegliche Anlagen vor jeder Benutzung daraufhin, ob Schutzhülle und Stecker noch in Ordnung sind. Führt sie bei Gebrauch über kleine Holzgabeln od. dgl. Bedeckt sie nicht mit Stroh od. dgl. Schützt sie vor dem Überfahren und Betreten.
Laßt beschädigte Kabel unverzüglich ausbessern oder ersetzen.

*Worauf kommt es dabei an?*

a) *Daß die einzelnen Drähte im Kabel durch die Schutzhülle vollkommen verdeckt sind. Ist die Schutzhülle dünn geworden oder beschädigt, so muß eine Ledermanschette umgelegt werden.*

b) *Daß der Stecker mit dem Kabel fest verbunden ist. Ist der Stecker lose geworden, so muß eine feste Ledermanschette umgelegt werden. An dieser Stelle treten Beschädigungen und damit Störungen am leichtesten ein.*

c) *Daß das Innere des Steckers trocken und frei von Staub und Schmutz ist und daß sich an den Kontaktflächen keine Brandstellen gebildet haben. Staub, Schmutz und Nässe sind sorgfältig zu entfernen. Brandstellen sind sauber zu glätten.*

d) *Erklärung: Die wertvollen Kabel werden meist dadurch beschädigt, daß man die äußere Isolierhülle beim Überfahren zerquetscht oder die innen liegenden Leiter durch Tritte so stark verbiegt, daß die Isolierhülle bricht. Darum soll man die Kabel hochlegen oder auf andere Weise schützen.*

*e) Zur besonderen Beachtung: Wenigstens einmal im Jahre (April) soll durch eine besonders sorgfältige Prüfung festgestellt werden, ob das Kabel in Ordnung ist, d. h. ob die Isolation unverletzt ist, ob der Motor mit dem Kabel läuft und ob es sich dabei an keiner Stelle erwärmt.*

9. Übertragt die Bedienung eurer gesamten elektrischen Anlagen einer bestimmten Person. Laßt diesen Bedienungsmann durch Vermittlung des stromliefernden Elektrizitätswerks genau unterweisen, haltet ihn an, die gegebenen Bedienungsvorschriften genau zu befolgen; dieses gilt vor allem für die Leute, die bewegliche Anlagen zum Anschluß an Hochspannungsleitungen bedienen, und besonders für das Anbringen der Erdzuleitungen und ähnlicher Schutzvorkehrungen.

*a) Was versteht man unter Behandlung?*

*Zur Behandlung gehört alles, was in diesem Merkblatt gesagt ist und was die Behandlungsvorschriften der Firmen fordern. Dafür muß ein Mann als Wärter verantwortlich sein. Die Bedienung der einzelnen Maschinen und Geräte, z. B. das Ein- und Ausschalten der Motoren, das Anstecken der Plätteisen, das Ein- und Ausschalten von Lampen, kann auch anderen Personen überlassen werden, die dazu angelernt sind. Der Wärter der elektrischen Anlage muß aber darauf achten, daß nicht etwa durch falsche Bedienung Schäden entstehen, und wenn sie entstanden sind, muß er sie beseitigen.*

*b) Welche Person kommt für die Behandlung als Wärter in Frage?*

*In kleinen Wirtschaften der Besitzer selber, in mittleren Betrieben ein sorgfältig ausgewählter Mann, auf Gütern einer der gelernten Handwerker (Brenner, Schlosser, Schmied, Stellmacher).*

*c) Wie und wann kann die Unterweisung erfolgen?*

*Die Landwirtschaftskammern, landwirtschaftlichen Vereine, Landwirtschaftschulen usw. werden im Laufe der Zeit kleine Kurse einrichten, in denen praktisch erläutert wird, was in diesem Merkblatt angegeben ist. Wenn eure Kammer, euer Verein, eure Schule oder eine andere Stelle derartige Kurse noch nicht eingerichtet haben, dann wendet euch an euer stromlieferndes Elektrizitätswerk! — Es empfiehlt sich, die Ausbildung alle zwei Jahre zu wiederholen. In der Zwischenzeit ist immer etwas Neues dazugekommen, das euch nützen kann.*

*d) Erklärung:*

*Bewegliche Anlagen zum Anschluß an Hochspannungsleitungen kommen nur im Großbetrieb vor. Für sie ist ein besonderes Merkblatt vorhanden, das alle nötigen Angaben enthält.*

10. Laßt Arbeiten an und auf Gebäuden nur nach Abschaltung aller in der Nähe der Arbeitstelle befindlicher Leitungen ausführen. Entfernt die Sicherungen der betreffenden Stromkreise und haltet sie unter Verschluß, damit kein Unberufener sie während der Arbeiten einsetzen kann. Für etwaige Unfälle, die durch Nichtabschaltung von Leitungen entstehen, seid ihr haftbar.

*Erklärung: Diese Bestimmung entspricht genau den Vorschriften, die von den Berufsgenossenschaften ergangen sind. — Dieselben Vorsichtsmaßregeln sind auch anzuwenden, wenn Reinigungsarbeiten oder Revisionen an elektrischen Leitungen, Maschinen und Geräten vorgenommen werden (s. 1a, 1b, 1e, 1g).*

11. Laßt neue Anlagen, Erweiterungen und Reparaturen nur von Installateuren ausführen, die vom Elektrizitätswerk zugelassen sind. Beachtet dabei die „Leitsätze für die Errichtung elektrischer Starkstromanlagen in der Landwirtschaft“.

*Wie stellt man fest, ob jemand zugelassen ist?*

*Man fordere vom Elektrizitätswerk die Liste der zugelassenen Installateure an oder lasse sich von dem Installateur die Zulassungsurkunde vorlegen.*

12. Laßt eure Anlagen in regelmäßigen Zeiträumen durch Sachverständige prüfen, die vom Elektrizitätswerk oder von Behörden anerkannt sind. Sorgt für sofortige Abstellung der dabei festgestellten Mängel.

*Erklärung: Die Prüfung ist mindestens einmal im Jahre nötig. Die beste Zeit dafür sind die Monate April, Mai, Juni. Bei der Prüfung werden die bestehenden Mängel festgestellt. Kleine Mängel werden sofort beseitigt. Ferner werden Ratschläge erteilt, wie die übrigen Mängel abgestellt werden können. Sofern die Beseitigung bestehender Mängel nicht durch den Landwirt ausgeführt werden kann, muß sie sofort beim Installateur bestellt werden. Die Beseitigung muß spätestens im August oder September desselben Jahres erfolgen, damit vor dem Dreschen und vor dem Eintritt der dunklen Jahreszeit alles in Ordnung ist.*

13. Bei Nichtbeachtung der vorstehenden Vorschriften und dadurch hervorgerufenen Unglücksfällen oder Brandschäden kann der Besitzer durch die Berufsgenossenschaft bestraft oder von der Feuerversicherung seiner Entschädigung verlustig erklärt, auch kann er nach den Gesetzen bestraft und für weitere Schäden haftbar gemacht werden.

*Anmerkung: Ihr schützt euch am leichtesten gegen alle Nachteile, wenn der nachstehende Terminkalender benutzt wird und ihr die Instand haltung der gesamten Anlage einem Fachmanne dauernd übertragt.*

## Terminkalender für die Behandlung elektrischer Anlagen in der Landwirtschaft.

| Im Monat | sind folgende Arbeiten auszuführen | |
|---|---|---|
| Januar | Maschinen und Geräte von Staub, Kaff, Kurzstroh und Häcksel reinigen (s. 1a). | |
| Februar | Kontaktschrauben nachziehen (s. 1e), Schutzkappen nachsehen (s. 6a). | |
| März | Maschinen und Geräte von Staub, Kaff, Kurzstroh und Häcksel reinigen (s. 1a);<br>Schalter, Sicherungen, Motoren und Anlasser zugänglich machen (s. 2). | |
| April | Kontaktschrauben nachziehen (s. 1e), Schutzkappen nachsehen (s. 6a);<br>Lampen und Schutzglocken abwaschen (s. 1c);<br>Anschlußkabel und Stecker prüfen (s. 7e);<br>Dreschmotor in Ordnung bringen lassen (s. 6b). | In dieser Zeit muß die Anlage durch einen Sachverständigen geprüft werden (s. 11) |
| Mai | Maschinen und Geräte von Staub, Kaff, Kurzstroh und Häcksel reinigen (s. 1a);<br>Schutzschränke und Schutzkasten freimachen (s. 4);<br>Ersatzsicherungen beschaffen (s. 5c). | |
| Juni | Kontaktschrauben nachziehen (s. 1e), Schutzkappen nachsehen (s. 6a);<br>Wärterpersonal ausbilden lassen (alle 2 Jahre) (s. 8c);<br>Dreschmotor noch einmal nachsehen (s. 6b). | |
| Juli | Maschinen und Geräte von Staub, Kaff, Kurzstroh und Häcksel reinigen (s. 1a);<br>Schalter, Sicherungen, Motoren und Anlasser zugänglich machen (s. 2). | |
| August | Kontaktschrauben nachziehen (s. 1e);<br>Schutzkappen nachsehen (s. 6a). | In dieser Zeit müssen alle bei der Revision gefundenen Mängel beseitigt werden (s. 11) |
| September | Maschinen und Geräte von Staub, Kaff, Kurzstroh und Häcksel reinigen (s. 1a);<br>Erdleitungen auf guten Anschluß und Vollständigkeit prüfen (s. 1f);<br>Isolatoren reinigen (s. 1b). | |
| Oktober | Kontaktschrauben nachziehen (s. 1e), Schutzkappen nachsehen (s. 6a);<br>Lampen und Schutzglocken abwaschen (s. 1c);<br>Leitungen und Schutzrohre anstreichen (s. 1g). | |
| November | Maschinen und Geräte von Staub, Kaff, Kurzstroh und Häcksel reinigen (s. 1a);<br>Schalter, Sicherungen, Motoren und Anlasser zugänglich machen (s. 2). | |
| Dezember | Kontaktschrauben nachziehen (s. 1e), Schutzkappen nachsehen (s. 6a);<br>Ersatzsicherungen beschaffen (s. 5c). | |

## C. Betriebsanweisung für die Bedienung elektrischer Starkstromanlagen für Hochspannung in der Landwirtschaft.

Gültig ab 1. Januar 1926.

### I. Allgemeines.

Die Bedienung betriebsmäßig hochspannungführender Teile, wie Masttransformatoren, Anschluß von beweglichen Transformatoren oder Anschluß von Hochspannungsmotoren, darf nur von besonders ausgebildeten Personen vorgenommen werden, die sich im Besitze eines schriftlichen, vom Elektrizitätswerk anerkannten Ausweises befinden.

An Transformator- und Motorwagen müssen die Vorschriften des Verbandes Deutscher Elektrotechniker über „Anleitung zur ersten Hilfeleistung bei Unfällen im elektrischen Betriebe“ und diese Betriebsanweisung angeschlagen sein.

### II. Inbetriebsetzung eines fahrbaren Transformators.

1. Stelle den Transformatorwagen nach dem Anfahren so auf, daß die einzuhängenden Anschlußleitungen zum Mastschalter möglichst straff sind und keinesfalls auf dem Wagendach aufliegen.
2. Bringe die Erdungen sehr gut an. Lege Wert auf guten Zustand der Klemmverbindungen.
3. Hänge bei offenem Mastschalter die Anschlußleitungen mittels Schaltstange ein.
4. Schließe das Kabel zum Motorwagen im Transformatorwagen an.
5. Führe das Kabel über kleine Holzgabeln. Lasse es nicht auf der Erde liegen.
6. Friedige den Transformatorwagen ein und hänge die Warnungschilder an.
7. Stelle den Isolierschemel neben den Schaltermast und schließe vom Schemel aus den Mastschalter mittels Schaltstange oder Winde. Einschalten ohne Benutzung des Schemels ist unter allen Umständen verboten.
8. Lasse nach der Schließung durch eine Winde die Kurbel in der Winde stecken.

### III. Außerbetriebsetzung eines fahrbaren Transformators.

1. Setze den Motor außer Betrieb.
2. Öffne den Mastschalter unter Benutzung des Isolierschemels mittels der Winde oder der Schaltstange.
3. Hänge die Schaltstange aus dem Mastschalterhebel aus bzw. nimm die Kurbel aus der Winde heraus.
4. Hänge die Hochspannung-Anschlußleitung vom Mastschalter nur mittels Schaltstange ab. Dann erst nimm den weiteren Abbau vor.
5. Rolle das Kabel auf und überzeuge dich, daß Türen und Steckdosen am Transformator- und Motorwagen gut verschlossen sind.

## Flächenmaße.

| | qkm (km²) | ha | a | qm (m²) |
|---|---|---|---|---|
| 1 □-Kilometer qkm (km²) | 1 | 100 | 10 000 | 1 000 000 |
| 1 Hektar ha | 0,01 | 1 | 100 | 10 000 |
| 1 Ar a | 0,000 1 | 0,1 | 1 | 100 |
| 1 □-Meter qm (m²) | 0,000 001 | 0,0001 | 0,01 | 1 |

1 qm = 10 000 qcm (cm²)
1 qcm = 100 qmm (mm²)
1 preuß. □-Rute = 0,142 a
1 preuß. Morgen = 0,255 ha
1 geog. □-Meile = 55,0629 qkm (km²)
1 preuß. □-Fuß = 0,0985 qm (m²)
1 preuß. □-Zoll = 6,849 qcm (cm²)
1 dtsch. □-Meile = 56,25 qkm (km²)
1 dän. Tonne Land = 55,162 a
1 engl. Acre = 40,467 a
1 österr. Joch = 57,554 a
1 russ. □-Werst = 1,138 qkm (km²)
1 russ. Deßjatine = 109,25 a
1 span. Fanegada = 64,4 a

## Vergleichstafel für deutsche Flächenmaße.

| Deutsches Reich | Baden | Bayern | Preußen | Sachsen | Württemberg |
|---|---|---|---|---|---|
| Hektar | Morgen | Tagwerk | Morgen | Acker | Morgen |
| 1 | 2,778 | 2,935 | 3,917 | 1,807 | 3,173 |
| 0,360 | 1 | 1,057 | 1,410 | 0,651 | 1,142 |
| 0,341 | 0,947 | 1 | 1,335 | 0,616 | 1,081 |
| 0,255 | 0,709 | 0,749 | 1 | 0,461 | 0,810 |
| 0,553 | 0,537 | 1,624 | 2,168 | 1 | 1,756 |
| 0,315 | 0,875 | 0,925 | 1,234 | 0,570 | 1 |
| Ar | □-Rute | □-Rute | □-Rute | □-Rute | □-Rute |
| 1 | 11,111 | 11,740 | 7,050 | 5,421 | 12,184 |
| 0,090 | 1 | 1,057 | 0,634 | 0,488 | 1,097 |
| 0,085 | 0,947 | 1 | 0,601 | 0,462 | 1,038 |
| 0,142 | 1,576 | 1,665 | 1 | 0,769 | 1,728 |
| 0,184 | 2,050 | 2,166 | 1,301 | 1 | 2,248 |
| 0,082 | 0,912 | 0,964 | 0,579 | 0,445 | 1 |

1 bad. (bayer. Tagwerk) Morgen = 400 □-Ruten.
1 preuß. Morgen = 180 □-Ruten.
1 sächs. Acker = 300 □-Ruten.
1 württemberg. Morgen = 384 □-Ruten.

# Elektrotechnische Bibliothek

## aus der Sammlung Göschen

**Jeder Band gebunden M. 1.50**

*Vollständiges Verzeichnis der Sammlung kostenlos*

Band

**Elektrotechnik.** Einführung in die Starkstromtechnik. Von Prof. J. Herrmann.
I. Die physikalischen Grundlagen. Mit 95 Figuren und 16 Tafeln ....... 196
II. Die Gleichstromtechnik. Mit 121 Figuren und 16 Tafeln ............ 197
III. Die Wechselstromtechnik. Mit 153 Figuren und 16 Tafeln .......... 198
IV. Die Erzeugung und Verteilung der elektrischen Energie. Mit 96 Figuren und 16 Tafeln ........ 657

**Technische Tabellen und Formeln.** Von Dr.-Ing. W. Müller. Mit 106 Figuren .. 579

**Englisch für Techniker.** Ein Lese- und Übungsbuch für Ingenieure und zum Gebrauch an technischen Lehranstalten. Unter Mitarbeit von Albany Featherstonhaugh herausgegeben von Ing. Carl Volk. 2 Teile. Mit 44 Figuren ... 705, 706

**Elektrische Schaltanlagen.** Von Prof. Dr. F. Niethammer.
I. Allgemeines. Schaltpläne. Einfache Schalttafeln. Mit 46 Figuren .... 796
II. Schaltanlagen für hohe Spannungen. Schaltkästen. Schutzvorrichtungen. Mit 53 Figuren ........ 797

**Einführung in die Hochspannungstechnik.** Von Dr.-Ing. K. Fischer. Mit 77 Figuren.
I. Die Vorgänge in Isolierkörpern und in Leitungsanlagen ............ 609
II. Schalt- und Sicherheitsapparate in Hochspannungsanlagen. Mit 54 Figuren ........ 640

**Ströme und Spannungen in Starkstromnetzen.** Von Diplom-Elektro-Ing. Josef Herzog und Prof. Feldmann. Mit 68 Figuren ........ 456

**Straßenbahnen.** Von Dipl.-Ing. A. Boshart. Mit 72 Figuren ........ 559

**Die Elektrizität im Dienste der Kraftfahrzeuge.** Von Geh. Reg.-Rat Dr.-Ing. Rich. Albrecht. Mit 46 Figuren ........ 815

**Die zweckmäßigste Betriebskraft.** Von Ober-Ing. Friedrich Barth.
I. Einleitung. Dampfkraftanlagen. Verschiedene Kraftmaschinen. Mit 27 Figuren ........ 224
II. Gas-, Wasser- und Wind-Kraftanlagen. Mit 31 Figuren ............ 225
III. Elektromotoren. Betriebskostentabellen. Graphische Darstellungen. Wahl der Betriebskraft. Mit 27 Figuren ........ 474

**Die Elektromotoren,** ihre Arbeitsweise und Verwendungsmöglichkeit. Von Prof. Dr. F. Niethammer.
I. Gleichstrommotoren. Mehrphasige Synchron- und Asynchronmotoren. Mit 55 Figuren ........ 798
II. Kommutatormotoren. Mechanischer Aufbau. Wirtschaftlichkeit u. a. Mit 48 Figuren ........ 799

**Elektromotorische Betriebe.** (Grundlagen für die Berechnung.) Von Prof. Dr.-Ing. A. Schwaiger. Mit 25 Abbildungen ........ 827

**Die Gleichstrommaschine.** Von Prof. Dipl.-Ing. Fr. Sallinger. 2 Bände. Mit 135 Figuren ........ 257, 881

**Aufgabensammlung über die Gleichstrommaschine** mit Lösungen. Von Prof. Dipl.-Ing. Fr. Sallinger. Mit 38 Figuren ........ 912

**Wechselstromerzeuger.** Von Prof. Dipl.-Ing. Fr. Sallinger. Mit 77 Figuren .... 547

**Gleichrichter.** Von Dipl.-Ing. Dr. Jos. Just. Mit 90 Abbildungen ........ 945

**Elektrische Förderanlagen.** Von Dr.-Ing. A. Schwaiger. Mit 30 Figuren ...... 678

**Elektrische Öfen.** Von Prof. Dr. Osw. Meyer. Mit 68 Figuren ........ 704

**Das Fernsprechwesen.** Von Dipl.-Ing. W. Winkelmann. 2 Bände. Mit 114 Abbildungen ........ 155, 773

FSC
www.fsc.org
MIX
Papier | Fördert gute Waldnutzung
FSC® C083411

Zeitfracht Medien GmbH
Ferdinand-Jühlke-Straße 7
99095 Erfurt, Deutschland
produktsicherheit@kolibri360.de